老旧小区地下综合管廊工程建造指南

司玉海　主　编

李小利
　　　　　副主编
王　刚

中国建筑工业出版社

图书在版编目（CIP）数据

老旧小区地下综合管廊工程建造指南／司玉海主编；
李小利，王刚副主编. —北京：中国建筑工业出版社，
2023.3
ISBN 978-7-112-28506-8

Ⅰ.①老… Ⅱ.①司…②李…③王… Ⅲ.①市政工
程—地下管道—管道工程—工程施工—指南 Ⅳ.
①TU990.3-62

中国国家版本馆CIP数据核字（2023）第047818号

责任编辑：费海玲　王晓迪
书籍设计：锋尚设计
责任校对：赵　菲

老旧小区地下综合管廊工程建造指南

司玉海　主　编
李小利
王　刚　副主编

*

中国建筑工业出版社出版、发行（北京海淀三里河路9号）
各地新华书店、建筑书店经销
北京锋尚制版有限公司制版
天津图文方嘉印刷有限公司印刷

*

开本：787毫米×1092毫米　1/16　印张：13¾　字数：235千字
2023年5月第一版　2023年5月第一次印刷
定价：**98.00**元
ISBN 978-7-112-28506-8
（40905）

引言

　　根据住房和城乡建设部办公厅、国家发展和改革委员会办公厅、财政部办公厅联合印发的《关于做好2019年老旧小区改造工作的通知》（建办城函〔2019〕243号）等文件中关于老旧小区的认定标准，老旧小区是指城市、县城（城关镇）建成于2000年以前、公共设施落后、影响居民基本生活、居民改造意愿强烈的住宅小区。我国地域广阔、城市众多，各个城市中均存在大量的旧城区。根据住建部的摸排结果，全国2000年以前建成的老旧小区近30万个、涉及居民3亿多人、超7000余万户、建筑面积约70亿平方米。分区域看，根据2010年第六次人口普查数据估算，东部省市老旧小区改造规模最大，占比约52.5%；中部次之，占比约31.1%；西部最小，占比约16.5%。

　　这些旧城区建设年代较早，规划不合理，地下管线比较复杂，各种管线纵横交错，管线设计图纸不全，甚至部分管线已无资料可查，管理和维修难度非常大。同时，老旧小区环境复杂多样，需要考虑交通疏导、安全管理、居民协调、绿化保护等问题，在此种情况下进行管线更新改造更是难上加难。因此，老旧小区地下综合管廊建造是亟待我们研究的一个技术难题，但迄今为止国内还没有一项系统全面的老旧小区地下管线改造地下综合管廊工程实例。

　　本书主要针对老旧小区地下综合管廊问题展开前沿性研究，以全国首个老旧小区地下综合管廊工程——北京市海淀区三里河路9号院小区地下管线更新改造项目为依托，从政府单位、建设单位、设计单位、施工单位等多角度展开探索，拟形成一部有效的老旧小区地下综合管廊工程建造指南，并在全国范围推广与应用，加快城市更新改造，从而有效提升城市面貌，促进城镇化进程，保障城市的可持续发展。

1

绪论

1.1 综合管廊定义

《城市综合管廊工程技术规范》GB 50838中，综合管廊的相关定义如下：

综合管廊：建于城市地下，用于容纳两类及以上城市工程管线的构筑物及附属设施。

干线综合管廊：用于容纳城市主干工程管线，采用独立分舱方式建设的综合管廊。

支线综合管廊：用于容纳城市配给工程管线，采用单舱或双舱方式建设的综合管廊。

缆线管廊：采用浅埋沟道方式建设，设有可开启盖板但其内部空间不能满足人员正常通行要求，用于容纳电力电缆和通信线缆的管廊。

1.2 综合管廊发展历程

1.2.1 国外发展历程

在城市中建设地下管线综合管廊的做法，起源于19世纪的欧洲，最先出现在法国。自从1833年巴黎诞生了世界上第一条地下管线综合管廊后，地下管线综合管廊迄今已经有近200年的发展历程。经过百年来的探索、研究、改良和实践，其技术水平已完全成熟，在国外的许多城市得到了极大的发展，并已成为国外发达城市市政建设管理的现代化象征和城市公共管理的一部分。

1）法国

1832年，法国发生了霍乱，当时研究发现城市公共卫生系统的建设对抑制流行病的发生与传播至关重要，于是在第二年，巴黎市着手规划市区下水道系统网络，并在管道中收容自来水（包括饮用水及清洗用的两类自来水）、电信电缆、压缩空气管及交通信号电缆等5种管线，这是历史上最早规划建设的综合管廊形式（图1-1）。迄今为止，巴黎市区及郊区的综合管廊总长已达2100km，堪称世界城市综合管廊里程之首。法国已制定了在有条件的大城市中建设综合管廊的长远规划，为综合管廊在全世界的推广树立了良好的榜样。

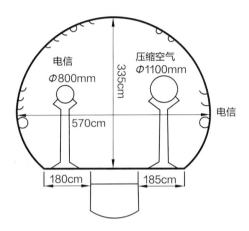

图1-1　巴黎市第一条综合管廊

2）英国

1861年，英国开始在伦敦市区建设综合管廊（图1-2）。采用断面形式为宽4m、高2.5m的半圆形综合管廊。收容的管线包括煤气管、自来水管、污水管、连接用户的供给管线以及其他电力、电信管线等。迄今，伦敦市区内至少已有22条综合管廊。

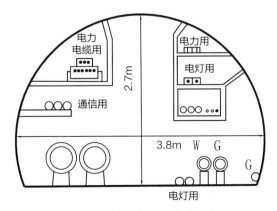

W-自来水（water）；G-燃气（gas）

图1-2　伦敦市1861年综合管廊

3）德国

1893年，联邦德国在汉堡市街两侧人行道下方建设了450m的综合管廊（图1-3）。

1964年，民主德国在苏尔市（Suhl）和哈雷市（Halle）开始了综合管廊试点计划，到1970年共完成15km以上的综合管廊，并开始投入营运，同时也拟定在全国推广建设综合管廊网络系统的计划。

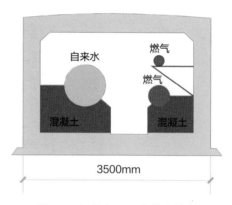

图1-3　汉堡市1893年综合管廊

4）美国

自20世纪60年代起，美国开始研究综合管廊。1970年，美国在怀特普莱恩斯（White Plains）市中心建设综合管廊，但都没有形成系统网络。1971年，美国公共工程协会和交通部联邦高速公路管理局赞助了城市综合管廊可行性研究，针对美国独特的城市形态，评估建设综合管廊的可行性。

5）日本

日本综合管廊建设开始于1926年。关东大地震之后，在东京都复兴计划中试点建设了三处综合管廊——九段阪综合管廊、沟滨町金座街综合管廊、东京后火车站至昭和街的综合管廊。1959年在东京都淀桥旧净水厂及新宿西口建设综合管廊。1963年4月颁布了《关于共同沟建设的特别措施法》，首先在尼崎地区建设综合管廊889m，同时在全国各大城市拟定五年期的综合管廊连续建设计划。1993年至1997年为日本综合管廊的建设高峰期，至1997年已完成干线管廊约446km。

截至2001年，据统计，日本全国已兴建超过600km的综合管廊，在亚洲地区名列第一。

1.2.2 国内发展历程

1958年，北京市第一条综合管廊建造于北京天安门广场下。鉴于天安门在北京有特殊的政治地位，为了避免广场日后被开挖，建造了一条断面尺寸为4m×3m、埋深7～8m、长约1km的综合管廊，综合管廊内收容电力、电信、暖气等管线。1977年，在修建毛主席纪念堂时，又建造了相同断面的综合管廊，长约500m。

1990年，为解决新客站人行道、管道与多股铁道穿越的问题，天津市兴建了长50m、断面尺寸为10m×5m的管廊，同时施工宽约2.5m的综合管廊，用于收容上下水道电力、电缆等管线，这是我国综合管廊的雏形。

1994年，上海浦东新区张杨路人行道下建造了两条断面尺寸为5.9m×2.6m的支管综合管廊，双孔各长5.6km，共11.2km，收容煤气、通信、上水、电力等管线，它是我国第一条较具规模的综合管廊。2006年底，上海的嘉定安亭新镇地区也建成了全长7.5km的地下管线综合管廊。

2003年底，广州大学城建成了全长17.4km，断面尺寸为7m×2.8m的地下综合管廊，是当时国内已建成并投入运营、单条距离最长、规模最大的综合管廊。

我国的城市综合管廊建设共经历了四个发展阶段：

概念阶段（1978年以前）：国外管廊的先进经验传到中国，但由于处于特殊的历史时期，城市基础设施的发展停滞不前，且我国的设计单位编制较混乱，大城市的市政设计单位只能在消化国外已有设计成果的同时，摸索完成设计工作，个别地区如北京和上海仅做了部分试验段。

争议阶段（1978—2000年）：随着改革开放的逐步推进和城市化进程的加快，城市的基础设施建设逐步完善和提高，但是由于局部利益与全局利益的冲突以及个别部门的阻挠，尽管众多专家呼吁，管线综合的建设仍是举步维艰。在此期间，一些发达地区开始尝试进行管线综合，建设了一些综合管廊项目，有些项目初具规模且能够正常运营起来。

快速发展阶段（2000—2010年）：随着当今城市经济的快速发展以及城市人口的膨胀，为适应城市发展和建设的需要，结合前一阶段吸纳的知识和积累的经验，我国的科技工作者和专业技术人员针对管线综合技术进行了理论研究和实践，完成了一大批大中城市的管线综合规划设计和建设工作。

　　赶超和创新阶段（2011—2017年）：在政府的强力推动下，在住建部做了大量调研工作的基础上，国务院连续发布了一系列法规，鼓励和提倡社会资本参与城市基础设施特别是综合管廊建设，我国的综合管廊建设开始呈现蓬勃发展的态势，大大拉动了国民经济的发展。从建设规模和建设水平来看，已经超越了欧美发达国家，并成为综合管廊超级大国。

　　2018年以后，我国综合管廊的建设进入有序推进阶段，要求各个城市根据当地的实际情况编制更加合理的管廊发展规划，制订切实可行的建设计划，有序推进综合管廊的建设。

1.3 综合管廊的优势

　　综合管廊相较于传统的直埋敷设方式有以下优势（图1-4）：

　　1）减少挖掘道路的频率与次数，减少对城市交通和居民生活的干扰。

　　2）方便巡视、检查管线，能及时发现问题，及时修复。

　　3）综合管廊结构安全性高，有利于城市防灾减灾。

　　4）能有效减缓管线腐蚀，有效延长廊内管线的使用寿命。

　　5）可在廊内为后续管线发展预留空间。

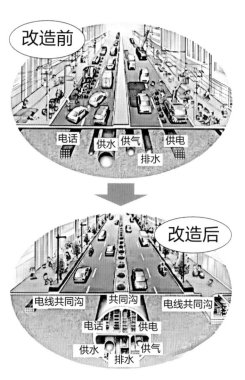

图1-4　综合管廊与直埋敷设方式对比示意图

2

综合管廊设计思路

2.1 管线改造思路

2.1.1 设计理念

市政管线是为社会生产和居民生活提供公共服务的基础设施，包括给水、排水、供电、供热、供气、通信工程管线，是人们生产生活的基础，是城市发展的"生命线路"，具有需要连续供给、隐蔽性强、影响范围大、投资大、管理单位不同等特点。

老旧小区内建筑密度相当大，市政基础水平落后，地下管线分布密集，管理工作存在各个方面的不足。地下管线的管理从属于不同部门，管线的种类性质不同，各级管理部门出于自身利益考虑，不能够同时进行地下管线修建工作，使地下资源的浪费情况较为严重。

重复进行地下管线的挖掘，使得地下管线管理工作的开展十分困难。不断进行道路施工，既影响市容市貌，又浪费资金，并且严重破坏道路路基，不同管线施工完毕之后的回填工作也不尽完善，若没有进行夯实，则使得一些地段出现下沉现象，最终影响到地下管线的稳定性。

同时，地下空间十分有限，不同类型的管线相互交错重叠，随着社会经济不断发展，越来越多的管线深埋于地下，它们的间距很难达到标准要求。

为了保障"生命线路"安全稳定运行，方便后期维修维护，将地下管线进行整合，同时建设综合管廊，对管线进行入廊管理，避免重复挖掘和一些安全事故发生，减少不必要的损失。

2.1.2 设计施工方法

根据施工方法的不同，综合管廊施工可分为暗挖工法、明挖工法、预制拼装工法以及盖挖工法。

暗挖工法：采用盾构、矿山法等各种工法进行施工。暗挖工法的整体造价较高，但施工过程中对城市交通的影响较小，可有效降低管廊建设引起的交通延滞成本、拆迁成本等外部成本，一般适用于城市中心区、深层地下空间开发及施工条件受限的老旧小区改造项目中的综合管廊建设。

明挖工法：明挖工法的直接成本相对较低，适用于城市新区的综合管廊建设或与地铁、新修道路、地下空间开发、管线整体更新等整合建设。明挖工法综合管廊一般分布在道路浅层空间。

预制拼装工法：将综合管廊的标准段在工厂进行预制加工，而在建设现场现浇综合管廊的接出口、交叉节点等特殊段，并与预制标准段拼装，形成综合管廊本体。预制拼装工法可以有效地降低综合管廊施工的工期，更好地保证施工质量。根据现有经验，在综合管廊达到一定长度后，预制拼装工法的工程造价还能进一步降低。

预制拼装式综合管廊早期以电缆沟为主，近年来断面逐步扩大，已能容纳各类城市管线并适用于各类管廊的建设，成为这些特定功能区管廊发展的新趋势和方向。

目前，在国内工程实践中，出现了多种综合管廊预制装配技术（图2-1），这些技术各有其适用范围和技术特点，不同的项目应根据自己的实际工程特点和要求合理选用。

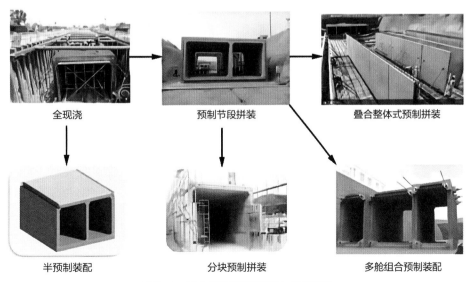

图2-1　综合管廊预制装配技术演变图

盖挖工法：先盖后挖，以临时路面或结构顶板维持地面畅通再进行下部结构施作的施工方法。适用于地质条件松散、管廊处于地下水位以上的地区。盖挖对结构的水平位移小，安全系数高，对地面的影响小，只在短时间内封锁地面交通，施工受外界气候的影响小。

随着综合管廊的建设里程越来越长，管廊的施工环境也越来越复杂，特别是在繁华城区施工越来越多地用到了盾构和顶管技术。但是盾构管廊有其明显的优点和缺点，优点是施工速度快，地层适应性强，适用于复杂的城区；缺点是其多数是圆形的，断面利用率非常低，管线全部入廊造成其盾构直径越来越大，而且综合管廊每隔200~300m设置的工艺井施工难度也比较大。顶管技术由于其一次顶进距离较短，只有在管廊下穿重要建构筑物时才使用。

2.2　各专业设计思路

2.2.1　总体设计

总体设计是指基于综合管廊的基本功能，为确保工程顺利实施而对综合管廊平面、纵断面、横断面、口部及相关节点进行的空间设计，是综合管廊工程设计的核心。综合管廊总体设计应以实现"确保管线安装敷设及安全运行"这一基本功能为目标。

总体设计需参照设计依据、建设标准及设计参数，以设计规范为原则，明确项目概况、入廊管线等基本信息，对管廊空间、口部节点等进行设计。

1）设计依据、设计规范及工程建设标准

（1）设计依据

综合管廊的设计依据主要为项目基础资料及主管部门批复文件，一般包括但不限于以下内容：中标通知书、初步设计及批复、综合管廊规划建设方案、管线综合规划、管线专项设计、前期会议纪要、地下管线普查及工程地质勘察报告等。

（2）设计规范

对综合管廊设计依据的规范性文件进行描述，一般为现行国家及行业规范、标准图集等。

（3）工程建设标准

①综合管廊建设标准

包括但不限于综合管廊等级、纳入综合管廊的管线、建设设计使用年限等。

②综合管廊设计参数

包括但不限于综合管廊纵向坡度指标、覆土厚度、内部空间布置要求、廊内管道布局要求、各附属结构尺寸及布置要求等。

2）设计原则

（1）综合管廊设计原则

综合管廊建设应符合将城市规划、建筑、社会与经济发展、城市景观、技术、基础设施、道路交通等方面尽早地、有效地统一起来的原则和目标。

综合管廊工程应结合道路交通和各类市政管线的专业规划进行设计。

综合管廊内的管线，应符合各主管部门制定的维修管理要求。

综合管廊的断面布置在满足安全、使用、维修管理要求的基础上，应尽量紧凑，以充分实现经济合理。

（2）以人为本，安全和谐

拟建项目要充分体现"以人为本"的理念，妥善处理好工程建设施工与居民日常出行的关系，保证交通运行的畅通性。

（3）工程与环境的协调

坚持"多层次、多方面比选"的原则，认真做好方案比选，灵活运用技术指标，力求项目与地形、环境相协调，技术指标连续、顺畅，做到"安全环保、技术先进、经济实用、施工简便"。

（4）最佳的社会和经济效益

加强与相关单位部门的协调，认真听取管线产权单位和规划部门意见，重点考虑项目与发展地方经济的关系，充分实现本项目的社会效益和经济效益。

倡导科学合理的全寿命周期成本理念，加强成本意识，加强各专业设计时技术与经济的有机结合，在确保安全和使用功能的前提下，严格控制工程造价，节约工程投资，获得最佳的技术经济效益。

（5）立足系统、网络，体现可持续性

坚持可持续发展，秉持节约资源的原则，尽量减少工程量，绝不浪费、破坏资源，做到合理利用资源，合理确定建设规模，合理确定建设方案。

（6）技术创新的理念

坚持以实用工程为主，拓宽创新思路，坚持技术创新的原则，在满足项目功能需求、确保工程质量和节约工程造价的前提下，自始至终地倡导理念创新、科技创新，在各专业设计中大力推进创新工作。

加强各专业设计的协调性；力求控制规模，减少工程量；同时突破传统，立足创新，使项目既能满足规划要求，又能推动沿线经济发展，利于社会进步，最终达到服务社会的目的。

（7）近远期结合实施的理念

坚持近远期相结合，综合考虑沿线发展的可能性，分期建设实施沿线管线分支口、预留口。既满足管廊整体的服务功能，又符合科学发展观这一指导思想，建设和谐社会。

综合管廊应适当考虑各类管线分支、维修人员和设备材料进出的特殊构造接口。综合管廊考虑设置供配电、通风、给水排水、照明、防火、防灾、报警系统等配套设施系统。

3）入廊管线分析

根据现行管廊规范《城市综合管廊工程技术规范》GB 50838要求，管线入廊原则如下：

（1）综合管廊内宜收纳通信管线、电力管线、给水管线、热力管线和中水管线，地下管廊内若敷设燃气管线，必须单独一个舱位敷设，并与其他舱位有效隔断，采取有效的安全防护措施。

（2）综合管廊内相互无干扰的工程管线可设置在管廊的同一舱室，相互有干扰的工程管线应分别设在管廊的不同舱室。

（3）热力管道、燃气管道不得同电力电缆同舱敷设。

（4）燃气管道和其他输送易燃介质的管道纳入综合管廊应符合相应的专项技术要求。

燃气管线需设单独舱室，若燃气管线入廊，势必会造成管廊断面加大。一旦燃气管线在管廊内发生泄漏，且监测和预警系统发现不及时，其在封闭空间内发生爆炸造成的后果是相当严重的。

雨污水等重力流管道入廊也会造成断面尺寸较大的问题，同时因接入市政排水系统的管道标高已经无法调整，若将雨污水管线入廊，为满足排放要求，势必会增设污水提升装置，相应地，会引起雨污水中的有害气体扩散及提高污水提升泵运行费用等问题。

老旧小区空间有限，鉴于以上原因，在老旧小区内建设综合管廊，建议将燃气管线、雨污水管线置于管廊外单独直埋敷设。其他管线根据项目投资和整体规划等情况做入廊分析。

4）管廊标准断面

综合管廊标准断面的布置形式是综合管廊总体设计的重要内容。合理的标准断面布置形式不仅有利于实施综合管廊建设，更有利于管廊内各种管线后期的安装、运行和维护，可以在合理的投资范围内使综合管廊实现功能最大化。因此，综合管廊标准断面的布置需要结合入廊管线种类、需求，综合考虑各类影响因素，进行精细化设计。

根据《城市综合管廊工程技术规范》GB 50838要求，对管线断面的要求如下：

综合管廊标准断面内部净高应根据容纳管线的种类、规格、数量、安装要求等综合确定，不宜小于2.4m。

综合管廊通道净宽，应满足管道、配件及设备运输的要求，并应符合下列规定：综合管廊内两侧设置支架或管道时，检修通道净宽不宜小于1.0m；单侧设置支架或管道时，检修通道净宽不宜小于0.9m。配备检修车的综合管廊检修通道宽度不宜小于2.2m。

电力电缆的支架间距应符合现行国家标准《电力工程电缆设计标准》GB 50217的有关规定。

通信线缆的桥架间距应符合现行行业标准《光缆进线室设计规定》YD/T 5151的有关规定。

综合管廊的管道安装净距（图2-2）不宜小于表2-1的规定。

规范中，断面尺寸主要针对城市道路下敷设的综合管廊。考虑到老旧小区内地下管线情况复杂，在实施建设时，道路下方可用空间有限，经专家论

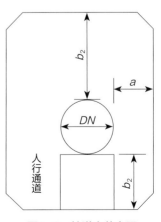

图2-2　管道安装净距

综合管廊的管道安装净距   表2-1

DN	综合管廊的管道安装净距/mm					
	铸铁管、螺栓连接钢管			焊接钢管、塑料管		
	a	b_1	b_2	a	b_1	b_2
DN<400	400	400	800			800
400≤DN<800	500	500		500	500	
800≤DN<1000						
1000≤DN<1500	600	600		600	600	
≥DN1500	700	700		700	700	

证通过和产权单位批准，可对综合管廊的管道安装净距稍作调整。

5）管廊空间设计

（1）管廊平面设计

综合管廊的平面设计主要涉及管廊平面布局、管廊各功能节点定位，并反映与管廊周边现状或规划的建（构）筑物、道路及相关设施的相互关系。

平面设计遵循以下基本原则：

①综合管廊平面设计应符合综合管廊专项规划要求。

②管廊施工应不影响周边既有和新建建（构）筑物及管线的安全。

③管廊的位置应与地下交通、地下商业开发、地下人防设施及其他相关建设项目协调。

④管廊在道路下的位置，应结合道路横断面布置、地下管线及其他地下设施等综合确定。此外，在城市建成区还应考虑与地下已有设施的位置关系。

⑤管廊平面位置应便于通风口、吊装口、逃生口和人员出入口设置，且方便运维人员进出和材料设备吊装。

（2）管廊横断面设计

根据《城市综合管廊工程技术规范》GB 50838的要求，综合管廊与相邻地下管线及地下构筑物的最小净距应根据地质条件和相邻构筑物性质确定，且不得小于表2-2的规定。

综合管廊与相邻地下构筑物的最小净距　　　　　　表2-2

相邻情况	施工方法	明挖施工	顶管、盾构施工
综合管廊与地下构筑物水平净距		1.0m	综合管廊外径
综合管廊与地下管线水平净距		1.0m	综合管廊外径
综合管廊与地下管线交叉垂直净距		0.5m	1.0m

（3）管廊纵断面设计

管廊纵断面设计遵循以下基本原则：

①管廊覆土深度：考虑路面机动车荷载对管廊结构安全的影响，考虑管廊抗浮需要，考虑管廊顶绿化种植需要，考虑冻土深度影响。

②管廊与地下构筑物和地下管线的关系。

③管廊纵坡：管廊整体坡度基本与道路纵坡一致，避让地下道路及构筑物时局部纵坡及埋深适当调整。

④管廊纵坡应考虑内部管道检修时自流排水需求，其最小纵坡一般不小于0.2%；最大纵坡应考虑各类管线敷设、运输方便，一般控制在10%以内。当纵坡大于10%时，在人行通道部位设置防滑地坪或台阶。

6）节点设计

综合管廊功能性节点是为实现管廊内通风、配电、监控、消防等附属功能及满足管线的引入引出、检修运维等要求而设置的特殊节点，主要包括吊装口、进风口、排风口、管线分支口等。《城市综合管廊工程技术规范》GB 50838对功能性节点的设置有如下规定：

（1）综合管廊的每个舱室应设置人员出入口、逃生口、吊装口、进风口、排风口、管线分支口等。

（2）综合管廊的人员出入口、逃生口、吊装口、进风口、排风口等露出地面的构筑物应满足城市防洪要求，并应采取防止地面水倒灌及小动物进入的措施。

（3）综合管廊人员出入口宜与逃生口、吊装口、进风口结合设置，且不应少于2个。

（4）综合管廊逃生口的设置应符合下列规定：

①敷设电力电缆的舱室，逃生口间距不宜大于200m。

②敷设天然气管道的舱室，逃生口间距不宜大于200m。

③敷设热力管道的舱室，逃生口间距不应大于400m。当热力管道采用蒸汽介质时，逃生口间距不应大于100m。

④敷设其他管道的舱室，逃生口间距不宜大于400m。

⑤逃生口尺寸不应小于1m×1m，当为圆形时，内径不应小于1m。

（5）综合管廊吊装口的最大间距不宜超过400m。吊装口净尺寸应满足管线、设备、人员进出的最小允许限界要求。

（6）综合管廊进、排风口的净尺寸应满足通风设备进出的最小尺寸要求。

（7）天然气管道舱室的排风口与其他舱室排风口、进风口、人员出入口以及周边建（构）筑物口部距离不应小于10m。天然气管道舱室的各类孔口不得与其他舱室联通，并应设置明显的安全警示标识。

（8）露出地面的各类孔口盖板应设置在内部使用时易于人力开启，且在外部使用时非专业人员难以开启的安全装置。

2.2.2　附属工程——消防专业

1）危险等级划分

《城市综合管廊工程技术规范》GB 50838对综合管廊舱室火灾危险性分类如下（表2-3）。

综合管廊舱室火灾危险性分类　　　　　　　　　　表2-3

舱室内容纳管线种类		舱室火灾危险性类别
天然气管道		甲
阻燃电力电缆		丙
通信线缆		丙
热力管道		丙
污水管道		丁
雨水管道、给水管道、再生水管道	塑料管等难燃管材	丁
	钢管、球墨铸铁管等不燃管材	戊

2）管廊消防设计原则

老旧小区受楼间距、工程造价等因素制约，通常燃气管及雨、污水管不入廊。另外，老旧小区内综合管廊不同于市政道路上的干线、支线管廊，主要体现在服务于小区用户，配电的电源电压为380V。

因此，考虑服务范围、火灾后的影响、工程造价等因素，老旧小区内建设综合管廊可不设自动灭火系统，但应设置手提式灭火器。其他需要考虑的设计原则如下：

（1）当舱室内含有两类及以上管线时，舱室火灾危险性类别应按火灾危险性较大的管线确定。

（2）综合管廊主结构体应为耐火极限不低于3.0h的不燃性结构。

（3）综合管廊内不同舱室之间应采用耐火极限不低于3.0h的不燃性结构进行分隔。

（4）除嵌缝材料外，综合管廊内装修材料应采用不燃材料。

（5）综合管廊交叉口及各舱室交叉部位应采用耐火极限不低于3.0h的不燃性墙体进行防火分隔，当有人员通行需求时，防火分隔处的门应采用甲级防火门。管线穿越防火隔断部位应采用阻火包等防火封堵措施进行严密封堵。

（6）综合管廊内应在沿线、人员出入口、逃生口等处设置灭火器材，灭火器材的设置间距不应大于50m，灭火器的配置应符合现行国家标准《建筑灭火器配置设计规范》GB 50140的有关规定。

（7）综合管廊内的电缆防火与阻燃应符合国家现行标准《电力工程电缆设计规范》GB 50217和《电力电缆隧道设计规程》DL/T 5484、《阻燃及耐火电缆　塑料绝缘阻燃及耐火电缆分级和要求　第1部分：阻燃电缆》GA 306.1和《阻燃及耐火电缆　塑料绝缘阻燃及耐火电缆分级和要求　第2部分：耐火电缆》GA 306.2的有关规定。

3）火灾自动报警系统

（1）综合管廊内设置火灾自动报警系统。

（2）在舱室顶部设置感烟火灾探测器，在电力电缆表层设置线型感温火灾探测器。

（3）设置防火门监控系统，当确认火灾后，防火门监控器应联动关闭常开防火门，消防联动控制器能联动关闭着火分区及相邻分区通风设备、启动自动灭火系统。相关的火灾自动报警系统设计符合现行国家标准《火灾自动报警系统设计规范》GB 50116的有关规定。

（4）设置火灾探测器的场所应设置手动火灾报警按钮和火灾警报器，手动火灾报警按钮处宜设置电话插孔。

2.2.3 附属工程——通风专业

1）通风设计目的

综合管廊通风系统应保证在正常状态下管廊内空气温度不超过40℃，同时当有人员在管廊内工作时，能提供足够的新风以确保管廊维保人员的安全。事故状况下，通风系统应能够自动和手动有效控制，有效排除舱室内烟气，减少人员和财产损失。

2）通风方式

综合管廊的通风主要方式有自然进风+自然排风、自然进风+机械排风、机械进风+机械排风三种。综合管廊的通风方式选择应综合节能环保、投资运营、消防安全、对环境影响等多方面要求进行合理选择。

考虑到老旧小区内道路两侧建筑密集、用地紧张，进、排风口位置需结合地面建筑情况布置。这些因素造成进、排风口不可能恰好位于通风区间两端，且自然通风时通风百叶面积难以满足要求。因此设计时通风宜采用机械进风+机械排风方式，这种方式有如下优点：

（1）在可能存在通风死角的区域，通过布置风管、风口加强气流组织，消除死角，短时间内达到通风的目的。

（2）通过适当提高进风口、排风口风速，可以减小通风口尺寸。

（3）可以适当增加通风段长度，减小进、排风口风量。

3）通风量计算

综合管廊的通风量应根据通风区间、截面尺寸并经计算确定，且应符合以下规定：

（1）正常通风换气次数不应小于2次/h，事故通风换气次数不应小于6次/h。

（2）电力舱的通风设计需考虑电缆发热量。

4）通风口部设计

（1）综合管廊的通风口处出风风速不宜大于5m/s。

（2）综合管廊的通风口应加设防止小动物进入的金属网格，网孔净尺寸不应大于10mm×10mm。

（3）综合管廊的通风口底部应设置高度不低于300mm的挡水墙。

5）通风设备及控制要求

（1）当综合管廊内空气温度高于40℃或需进行线路检修时，应开启排风机，并应满足综合管廊内环境控制的要求。

（2）综合管廊舱室内发生火灾时，发生火灾的防火分区及相邻分区的通风设备应能够自动关闭。

（3）综合管廊内应设置事故后机械排烟设施。

2.2.4　附属工程——电气专业

1）供电系统

（1）综合管廊系统一般呈网络化布置，涉及的区域比较广。其附属用电设备具有负荷容量相对较小但数量众多、在管廊沿线呈带状分散布置的特点。由于老旧小区供、配电模式在项目初期就已确定，管廊建设应根据不同小区的具体条件，经综合比较后确定电力入廊方案。

（2）综合管廊的消防设备、监控与报警设备、应急照明设备应按现行国家标准《供配电系统设计规范》GB 50052规定的二级负荷供电。当采用两回线路供电有困难时，应另设置备用电源。其余用电设备可按三级负荷供电。

2）附属设施配电要求

（1）综合管廊内的低压配电应采用交流220V/380V系统，系统接地型式应为TN-S制，并宜使三相负荷平衡。

（2）综合管廊应以防火分区作为配电单元，各配电单元电源进线截面应满足该配电单元内设备同时投入使用时的用电需要。

（3）受电设备端的电压偏差直接影响设备功能的正常发挥和使用寿命。因管廊具有长距离、带状供电的特点，应校验线路末端设备的电压损失，不应超过设计规范要求。

（4）应采取无功率补偿措施。

（5）应在各供电单元总进线处设置电能计量测量装置。

3）电气设备安装要求

（1）管廊内水、供暖管道存在爆管的事故风险，电气设备的安装应考虑这一因素，配电箱、柜防护等级不应小于IP55。廊内排水设施应保证配电箱（柜），在事故处理完成之前不受浸水影响。

（2）电源总配电箱宜安装在管廊进出口处。

（3）管廊内应设置检修插座箱，以满足廊内管道及其设备安装时的使用要求。根据电焊机的使用情况，其一、二次电缆长度一般不超过30m，以此确定临时接电用插座箱的安装间距。

（4）综合管廊敷设有大量管线，空间一般紧凑狭小，附属设备及其配电箱、柜的安装位置应满足设备维护、操作对空间的要求，并尽可能不妨碍廊内管线的敷设。

（5）电缆的要求：非消防设备的供电电缆、控制电缆应采用阻燃电缆，火灾时需继续工作的消防设备应采用耐火电缆或不燃电缆。

（6）由于综合管廊的设备管线、电力电缆、通信线缆等后续有各种维护要求，管廊配电应具备作业人员同时开启通风、照明等附属设施的功能。管廊各个分区的人员进出口处宜设置本分区通风、照明的控制开关。

4）接地要求

（1）综合管廊内的接地系统应形成环形接地网，接地电阻不应大于1Ω。

（2）综合管廊的接地网宜采用热镀锌扁钢，且截面面积不应小于40mm×5mm。接地网应采用焊接搭接，不得采用螺栓搭接。

（3）综合管廊内的金属构件、电缆金属套、金属管道以及电气设备金属外壳均应与接地网连通。

（4）综合管廊地上建（构）筑物部分的防雷应符合现行国家标准《建筑物防雷设计规范》GB 50057、《消防应急照明和疏散指示系统技术标准》GB 51309的有关规定；地下部分可不设置直击雷防护措施，但应在配电系统中设置防雷电感应过电压的保护装置，并应在综合管廊内设置等电位联结系统。

5）照明系统

（1）综合管廊内应设正常照明和应急照明，并应符合《城市综合管廊工程技术规范》GB 50838的相关规定。

（2）当有条件时，综合管廊宜利用各种导光和反光装置将天然光引入室内进行照明，宜利用太阳能光伏发电作为照明能源。采用市电与光伏发电两种供电模式，以光伏发电为主，市电作为备用电源。光伏照明具有安装简便、无需后期费用、安全性好、节能环保、寿命长等特点。

2.2.5　附属工程——排水专业

综合管廊内需考虑的排水主要包括：

供水管道连接处的漏水、供水管道发生事故时的水、供热管道渗漏和事故排水、综合管廊内冲洗水、综合管廊结构缝处渗的漏水、综合管廊开口处的漏水。

考虑排水量，综合管廊的排水区间长度不宜大于200m。综合管廊的底板宜设置排水明沟，并应通过排水明沟将综合管廊内的积水汇入集水坑，排水明沟的坡度不宜小于0.2%。综合管廊的低点应设置集水坑及自动水位控制排水泵。综合管廊排出的废水温度不应高于35℃。

综合管廊的排水应就近接入城市排水系统，并应设置防倒灌设施。

天然气管道舱应设置独立集水坑及排水泵系统。

2.2.6　附属工程——标识系统

管廊标识作为管廊后期运营过程中重要的导向标识手段，方便后期运营管理，需对管廊标识进行系统设计。

管廊标识主要分为以下几种：

1）导向标识

标识按其功能作用大致可分为铭牌标识、交通标识和广告标识等几种类型，利用各种元素和方法传达空间信息，辅助人在空间内移动。

2）功能标识

用于不同功能房间的标识。

3）专业管道标识

用于不同管线名称的标识。

4）警示标识

警告标识是指警告人在综合管廊中应注意危险的标识。警告标识的颜色为黄底、黑边、黑图案。

《城市综合管廊工程技术规范》GB 50838对综合管廊内标识系统有如下规定：

（1）综合管廊的主出入口内应设置综合管廊介绍牌，并应标明综合管廊建设时间、规模、容纳管线。

（2）纳入综合管廊的管线，应采用符合管线管理单位要求的标识进行区分，并应标明管线属性、规格、产权单位名称、紧急联系电话。标识应设置在醒目位置，间隔距离不应大于100m。

（3）综合管廊的设备旁边应设置设备铭牌，并应标明设备的名称、基本数据、使用方式及紧急联系电话。

（4）综合管廊内应设置"禁烟""注意碰头""注意脚下""禁止触摸""防坠落"等警示、警告标识。

（5）综合管廊内部应设置里程标识，交叉口处应设置方向标识。

（6）人员出入口、逃生口、管线分支口、灭火器材设置处等部位，应设置带编号的标识。

（7）综合管廊穿越河道时，应在河道两侧醒目位置设置明确的标识。

2.2.7　结构专业

因老旧小区内施工方式选择受场地条件限制，明挖法施工在老旧小区内可行性低，故本节结构专业设计内容以浅埋暗挖法施工方式为主。

1）结构设计主要设计标准及技术指标

（1）综合管廊主体结构设计使用年限：100年。

（2）综合管廊结构安全等级：一级。

（3）综合管廊地基基础设计等级：乙级。

（4）综合管廊抗震设防类别：乙类。

（5）综合管廊防水等级标准：二级。

（6）综合管廊混凝土结构环境类别：二b类。

（7）综合管廊结构构件的裂缝控制等级：三级。

（8）综合管廊防火与阻止燃烧：耐火极限不低于3h。

2）结构采用主要材料

（1）综合管廊主体结构混凝土强度等级：不低于C30。

（2）综合管廊主体结构混凝土抗渗等级：P8。

（3）综合管廊主体结构采用钢筋强度等级：HPB300、HRB400。

（4）综合管廊底部垫层素混凝土强度等级：C20。

（5）综合管廊内部面层混凝土强度等级：C20。

（6）综合管廊防水材料：初衬、二衬之间采用1.5mm厚EVA防水板，350g/m²土工布缓冲层。

（7）综合管廊内预留预埋钢构件材质：Q235B。

3）荷载取值及计算模型

顶板（拱顶）土压力计算按全部土柱荷载考虑。竖向荷载包括结构自重、顶板覆土荷载、地面活荷载、水浮力及管廊恒荷载，水平向荷载包括水土侧向荷载（水土分算）和由地面超载引起的侧向荷载。各类荷载的计算模型如下：

（1）恒载

恒载包括结构自重，侧墙、底板、顶板荷载，水土压力、浮托力。

（2）活载

活载包括：顶面活载、侧面活载。

采用结构计算软件建立二维荷载—结构法计算模型。荷载结构模型认为地层对结构的作用只是产生作用在地下建筑结构上的荷载（包括主动地层压力和被动地层抗力），衬砌在荷载的作用下产生内力和变形，采用土弹簧模拟土体对结构的约束作用，对结构在不同工况下的内力进行包络分析。

4）结构内力计算

土体对结构的约束作用采用土弹簧模拟，在软件中，土弹簧用单向受压的弹性连接模拟，土弹簧刚度系数根据地勘提供的土层基床系数按下式计算确定。

$$k=K \times L \times h$$

式中：k——土弹簧刚度系数（kN/m）；

　　　K——土层基床系数（kN/m³）；

　　　L——单元纵向长度（m）；

　　　h——单元平面内计算长度（m）。

衬砌结构采用梁单元模拟，纵向长度取1m。根据施工次序确定两种计算工况。

工况一：开挖交叉节点上层结构，形成交叉节点单层闭合衬砌结构。

工况二：上层结构开挖完毕且稳定后，开挖交叉节点下层结构，形成交叉节点双层闭合衬砌结构。

计算模型工况一、工况二对应的弯矩计算结果如图2-3、图2-4所示，可以看出弯矩极值均出现在结构底板与侧墙的连接处。工况一模型的底板相当于工况二模型中的中层板，故在进行整体结构设计时，需对两种工况进行包络设计，以确保结构安全。

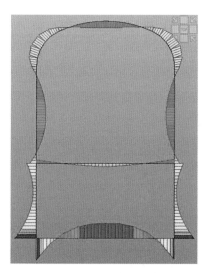

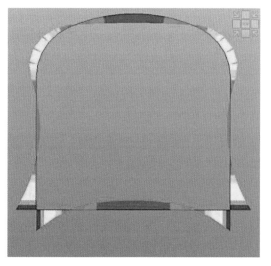

图2-3　工况1模型弯矩图　　　　　图2-4　工况2模型弯矩图

5）连接节点设计

地下双层结构，施工时分层开挖，先施工上层支护结构，待结构稳定后，施工下层支护结构。在初期设计支护结构时，在设计连接点时需考虑施工次序。

如图2-5所示，在施工上层衬砌侧墙及底板时，考虑预留连接节点板，节点板采用角钢制作，并与钢格栅主筋焊接。下层侧墙钢格栅与上层预留连接节点板采用螺栓连接。螺栓规格根据节点所在处弯矩、剪力计算确定。分层开挖，上下层初期支护结构预留的连接节点是保证形成稳定的双层初期支护结构的关键节点。

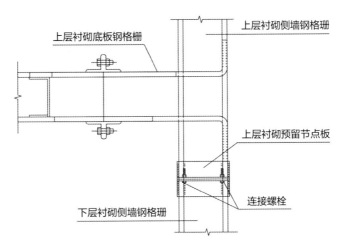

上层衬砌底板钢格珊

上层衬砌侧墙钢格珊

上层衬砌预留节点板

连接螺栓

下层衬砌侧墙钢格珊

图2-5　初期支护结构连接节点

6）建（构）筑物沉降监测

浅埋管廊，管廊工程自身风险等级为一级，周边环境风险等级为二级（图2-6）。须考虑管廊覆土厚度、管廊底埋深及管廊两侧既有房屋和地层中构筑物是否处于开挖影响范围内，并对沉降进行监测。监测系统是设计、施工中的一个重要环节，是确保施工安全的一项重要措施，必须给予足够重视。要求监测人员必须准确、真实地记录地表沉降、拱顶下沉、洞周收敛、底部隆起、地质及支护观察、建筑物观察等量测项目的监测数据，保证监测质量，以便对设计施工进行管理。

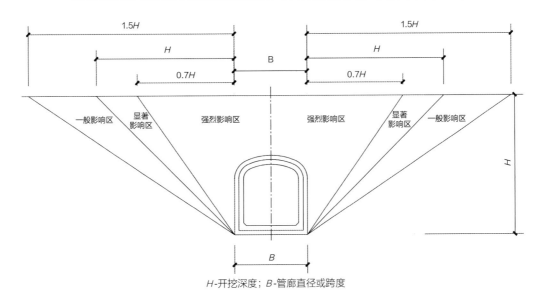

H-开挖深度；B-管廊直径或跨度

图2-6　开挖周边影响分区图

7）超前小导管注浆支护

考虑地下管廊断面土层和管廊上方含有地下管线的种类、数量、埋深及位置，在开挖前对周边土体进行注浆加固（图2-7），根据实际地质情况选择注浆浆液和注浆方式。同时，注浆施工应根据场地实际的交通、管线等条件进行合理避让。

对周边土体注浆加固后，采用台阶法施工开挖，上台阶前需打设超前小导管（图2-8），采用水煤气管预注水泥—水玻璃双液浆。

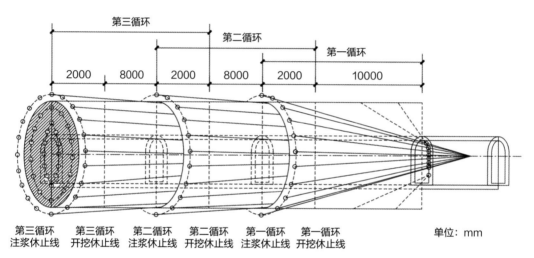

图2-7　注浆加固示意图

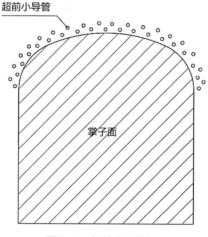

图2-8　超前小导管打设

8）出线口结构设计

在老旧小区内不便于采用大开挖方式施做综合管廊管线引出口通道的区域，考虑如何在确保管线出线结构稳固性的前提下，从大埋深的综合管廊引出出线口，需采用一种非开挖式综合管廊出线口结构形式（图2-9），包括管廊标准段、从管廊标准段引出的横通道和从该横通道顶部连通至地面的出线口，在所述横通道与出线口连接处设加强梁，并且在所述出线口护壁与土壤之间安置多个注浆锚管，以保证结构安全。

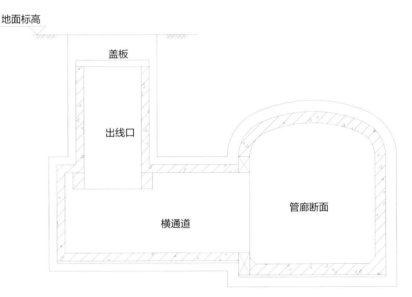

图2-9　出线口结构图

该方法简单易行，施工周期短，施工时占用地面空间小，特别适合在老旧城区市政管线廊化改造中应用。在开挖过程中，可根据周边环境的要求采用辅助地层加固技术，可使开挖后的通道结构稳定，对地面扰动小。

9）出地面结构做法

老旧小区内，出地面结构受场地和周围建（构）筑物的限制，将施工竖井作为人员出入口、逃生口、排风口和吊装口等附属工程。同时人员出入口可与现状建筑物连通，实现从管廊直接进入现状建筑物（图2-10）。

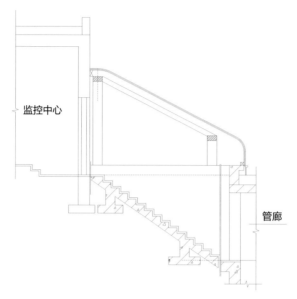

图2-10　地下管廊与现状建筑连通示意图

2.2.8　入廊管线——热力专业

1）热力管道布置

热力管线入廊首先须考虑管道的兼容性。根据相关规范，采用热力介质时可与通信、给水、再生水、排水管线同舱敷设。需要特别注意的是，当热力管与给水管同舱敷设时，给水管应布置在热力管的下方或是不同侧，以避免对水管产生热污染。

热力管有供、回两根管道，在廊内的布置方式按管道支座形式可分为支墩和支架两种，按供回水管的空间关系可分为上下布置和水平布置两种。支墩的优点是受力性能好且造价低，缺点是只能固定在管廊底板。支架的受力性能较差且造价高，但可固定在管廊侧壁，使管道的布置方式较为灵活。一般热力管管径越大、热质温度越高，产生的热应力也越大，因此大口径的热力干管应优先采用支墩固定，水平布置。小管径的热力管可采用支墩、支架或组合形式固定，空间采用上下或水平布置方式，主要根据其他管线占用的空间以及其他舱室的高度综合确定，应尽量使管线布置紧凑，节约管廊空间。

根据《城市综合管廊工程技术规范》GB 50838 5.1.7的要求，压力管道进出综合管廊时，应在综合管廊外部设置阀门。因为管线维护人员可以通过管廊外设置的阀门，在事故发生后第一时间切断管廊内部管道与外界管道的联系，避免更大的破坏。而且，热力管道出入廊及主管道分支出线也应在管廊外设置固定点或采用柔性设计，避免管廊外管道对管廊内管道产生过多影响。出入廊管道通常采用直埋敷设或地下空间架空敷设，直埋敷设的管道可在管廊入口前设置直埋固定支架，或在入廊之前设置"Z"形及"π"形补偿管段。

2）热力管道补偿方式

管廊内热力管道架空敷设，管廊内管道热补偿采用自然补偿和补偿器补偿热力的方式。

供热管道常用的补偿器有套筒补偿器和波纹补偿器，套筒补偿器轴向推力较小，造价较低，但套筒填料磨损较快，运行时需要检测与维护，目前缺乏可靠的防泄漏措施；波纹补偿器密封性好，不易泄漏，补偿量大且维护工作量低，缺点是造价较高。其他类型补偿器的使用都有特殊的布置要求，一般在管廊内使用较少。

3）热力管道支座设计

支座是热力管道主要的受力构件，承受管道重力和热应力，设计时须根据热力管线和支座布置方案对受力情况进行分析计算，并按照受力等级分类进行结构设计。对于纳入热力管的管廊来说，设计重点是确定固定支座的位置和受力大小。

固定支座受力较大时，支座的钢筋应和管廊壁板钢筋锚固在一起，需要与管廊壁板同步施工，很难在后期二次施工增加；另外，固定支座的受力大小还受位置、管径、补偿器类型及间距等影响。因此，综合管廊应和入廊热力管线同步设计，才能准确确定固定支座的位置和受力大小。

根据热力管道应力分析，在管廊的折角处及变坡点等特殊位置，应就近设置固定支架。布置固定支架时应避开管廊在折角处的变形缝，设置位置还应满足管廊结构设计对固定支架距变形缝的距离要求，一般情况下，热力管道的固定支架与现浇管廊变形缝的距离不小于5m。

4）热力管道对管廊结构的影响

综合管廊结构设计应对承载能力极限状态和正常使用极限状态进行复核计算。热力管道固定支架的设置需与管廊的土建结构设计、管廊进出线位置、分支等要素综合考虑，应在管廊结构承载能力范围内合理选择补偿方式、设置固定支架。由于管廊内热力管道采用有补偿敷设，补偿器的选用直接对综合管廊的断面尺寸和综合管廊的结构受力产生影响。因此，在选择轴向波纹管补偿器时，首先应与管廊设计单位核实管廊结构是否可以承受最大推力的固定支架对管廊结构产生的力矩。如果管廊结构无法承受产生的力矩，可在大推力固定支架处采取加固措施；如无法进行加固，则考虑选用无内压推力的旁通压力平衡式补偿器，减小固定支架的最大推力，从而满足管廊结构的允许力矩。目前，旁通压力平衡式补偿器造价较高，流通阻力比套筒或外压轴向波纹管补偿器大，会增加建设方的投资和检修成本，应在选用旁通压力平衡式补偿器之前与建设方充分沟通。旁通压力平衡式补偿器通常的径向尺寸为管道径向尺寸的1.5~2倍，在设计热力舱室断面时应考虑补偿器对断面尺寸的影响，并核实管廊吊装孔是否可以顺利吊装补偿器。

5）热力管线出线位置设计

热力管出线是热力分支管和外部直埋管线相衔接的部位，设计间距除了按照热力管线规划预留外，还应为远景扩容适当加密，布置间距为200~300m。热力分支管与廊外直埋管线衔接时，也要考虑热应力的问题，一般可通过在分支管上设置大拉杆横向型补偿器或利用管道的自身弯曲管段（如"L"形或"Z"形）作为补偿管段。因此，出线的空间设计应尽量满足不同类型的补偿器需求。出线管是指管廊与室外直埋管线之间的连接管道，该段管道一般垂直管廊横向穿越道路。

常用的出线方式有两种：一是采用套管出线，套管内径须比热力管直径大三级以上，主要优点是施工方便、造价低，缺点是出线管安装相对不便。目前应用较为广泛。二是采用通行沟出线，主要优点是出线管安装方便，缺点是造价高，且通行沟高度较高，容易与排水管竖向冲突。主要应用在大口径热力管出线或是特殊节点处。

2.2.9 入廊管线——给水专业

1）管材选择

综合管廊内给水管道的管材选择，主要考虑保证给水管道的耐腐蚀性以及永久性，降低给水管道在供水过程中所产生的滴漏损耗，方便后期进行施工养护，预防工程产生二次污染。

《城市综合管廊工程技术规范》GB 50838规定，给水、中水管道可选用钢管、球墨铸铁管、塑料管等。

由于综合管廊内部空间比较狭小，因此多种管线在分布时位置比较紧密，所选用的给水管材应充分满足现场实际施工的需求。

（1）钢管

钢管是常用的给水管材，包括钢板直缝焊管与钢板螺旋焊管。其机械强度好，在抗拉、抗弯、耐冲击、耐震动等方面有优势，适应性强。单位管长自重较轻，运输及施工比较方便，但必须作内外防腐。

（2）球墨铸铁管

球墨铸铁管因其连接方式方便、耐腐蚀性能和机械性能良好，在供水工程中使用最为广泛，但是在管廊中的应用尚在推广中。相比钢管，球墨铸铁管的热膨胀系数小，且每节承插管轴向允许一定的位移，不需要设置温度补偿装置。

球墨铸铁管有T形接口和自锚接口，T形接口抗滑脱性能较差，在转弯、上翻、下翻、三通处需要设置支墩。由于管廊空间有限，设置支墩难度极大。

虽然自锚接口的管道整体性好，转弯处可不设置支墩，有效地节省了地下空间，但是价格较贵。

（3）塑料管

塑料管在管廊中使用较少，但其重量轻，管廊内运输施工方便，耐腐蚀性能强，线膨胀系数比球墨铸铁管、钢管高十余倍，对温度变化较敏感。

塑料管在综合管廊内使用时，管材具有较好的耐久性，其水力条件较好，无需做内外防腐处理。当与热力管道同舱时，要考虑环境温度的影响。当在综合舱内使用且与电力电缆等同舱时，还要考虑避免发生火灾。此外，作为架空管道，要考虑其材料刚度与时间的关系，但当管道直接敷设于连续的管道基础之上时，可以不考虑管道刚度。目前，国内尚无塑料管道自承式架空敷设的管道结构设计标准，管廊内供水管道采用塑料管道的工程案例较少。

综合比较，在老旧小区管廊工程中，给水管道推荐采用钢管。考虑管道防腐的需要，可以选用内外衬塑钢管。

2）连接方式

钢管的连接方式有沟槽（卡箍）式连接、焊接式连接、承插式连接和法兰式连接等几种。

沟槽（卡箍）式连接一般适用于DN400以内的管道，沟槽管件连接方式一般不会破坏管道内防腐涂层，并具有独特的柔性特点，使管路具有抗震动、抗收缩和膨胀的能力，与焊接和法兰连接相比，管路系统的稳定性更高，对温度变化的适应性更强，也减少了管道温度应力。沟槽式连接操作简单，施工效率高，所需操作空间小，便于管廊内管道日后的维修和更新。沟槽式连接的管件应满足行业标准《沟槽式管接头》CJ/T 156的要求。当管廊内管道直径适当时，可考虑采用沟槽式连接。

钢管的焊接连接是比较常用的连接方式，适用于各类管径，其优点是钢管整体性强，受力性能好，能够传递纵向力，可减少固定支墩的设置。其不足主要是施工效率较低，焊口的检验比较复杂，在管廊内连接需采取通风措施，同时对于较小的管径（如DN800以下），其接口部位内防腐的现场修补比较困难，质量难以保证，不利于管道的长久使用。当管廊内管道为DN800及以上时，建议采用焊接连接。

钢管的承插式连接是一种新型的接头方式，《给水排水工程埋地承插式柔性接口钢管管道技术规程》T/CECS 492规定，该规程适用于新建、改建和扩建，工作压力不大于1.6MPa埋地承插式柔性接口连接的城镇给水排水管道工程设计、施工和验收。当管廊内架空敷设的管道采用承插式连接时，可参照该规程执行，其支墩、固定墩的设置原则与柔性承插口铸铁管道基本一致。

法兰式连接也是常用的钢管连接方式，其现场施工简单、方便、效率较高，且法兰式连接的管道能够传递一定的纵向力。鉴于管径较大时，其连接成本较高，当管廊内管道为DN400～DN800时，建议采用法兰连接。

老旧小区内给水管道只为小区内建筑服务，一般不会超过DN400，因此管道可采用沟槽式连接。

3）整体连接钢管在管廊内的结构布置

应综合考虑整体连接的钢管在管廊内的结构布置形式。计算管道的温差时，宜取管道安装时的闭合温度与管廊内夏季最热月平均气温或冬季最冷月平均气温的差值。

老旧小区内综合管廊长直段一般不会太长，温度引起的管道形变很小，可利用管道自然转弯或上、下翻弯使直线管段的温度变形得到释放，因此可在直线管段中间设置固定支墩，直线管段上的其他支墩采用滑动支墩。管道出管廊外的固定支墩的设置，应视埋地管道的管材及长度等情况而定，当采用整体式钢管且长度较大时，也可不设固定支墩。

4）支墩

给水钢管支墩处的设计包括管道设计和支墩设计两部分，管道的设计主要是验算支座处管道的局部应力是否满足规范要求，具体计算可参照《自承式给水钢管跨越结构设计规程》CECS 214中的相关内容。支墩的设计包括支墩的选型和强度选择、稳定计算及正常使用状态验算。固定支墩设计计算时应考虑管道的设计内水压力以及温度应力等作用所产生的支墩反力。设计滑动支墩时一般应考虑纵向摩擦力。支墩设计还应考虑地震作用。

钢管直线管段上固定支墩的做法可以参考国标图集《综合管廊给水、再生水管道安装》17GL301中的固定支墩做法。

考虑老旧小区入廊的给水管道的管径不大，滑动支墩的形式采用鞍形（或称弧形）支座比较常见，其受力合理且制作施工比较简单。钢管滑动支墩一般有两种做法，第一种为滑动导向支座支墩，即上部为钢结构滑动导向支座，下部为混凝土支墩，如图2-11所示。滑动导向支座一般为成品，在钢支座底部平板与预埋在混凝土支墩顶部钢板之间设置有聚四氟乙烯滑动摩擦副，允许纵向水平滑动且摩擦系数较小。第二种滑动支墩采用钢筋混凝土弧形支墩，在钢管与弧形支墩之间设置有聚四氟乙烯垫板或橡胶垫板，以利于钢管与支座之间产生滑动，弧形支座的支承角度根据计算确定，一般可取120°～180°，如图2-12所示。工程设计中根据抗震烈度情况在各滑动支座（支墩）处还应设置抱箍构造措施以保证管道横向位置的稳定，抱箍也可间隔设置。

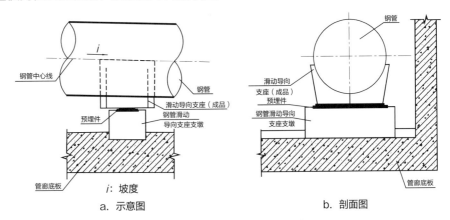

a. 示意图　　　　　　　　　　　　b. 剖面图

图2-11　滑动导向支墩示意

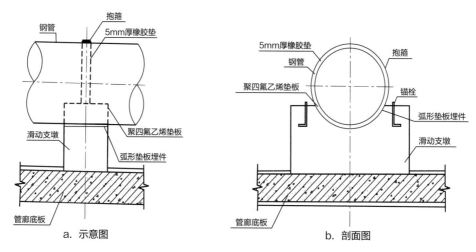

图2-12　滑动支墩示意

2.2.10　入廊管线——电气专业

1）电力管线

随着时间的推移，老旧小区的用电负荷都有不同程度的增加，电力管线敷设杂乱无序，电力电缆也会有不同程度的绝缘老化，存在一定的安全隐患。管廊建设应结合小区的供电现状、线缆出入管廊位置及路径等，确定经济合理的设计方案。

电力管线纳入管廊需要解决的问题是通风、降温、防火及防灾，通过感温电缆、自然通风、辅助机械通风、防火分区及监控系统来保证电力电缆安全运行。

电力电缆在管廊内必须选用具有阻燃、防水功能的型号，并在安装空间上保证与其他管线有一定间距，电力电缆应敷设在支架上。

2）通信管线

通信管线，在管廊内具有可变形、灵活布置、不易受综合管廊纵断面变化限制的优点，而传统的埋设方式受维修及扩容的影响，造成挖掘道路的频率较高，另外电力及通信管线最容易受到外力破坏，在信息时代，这两种管线破坏带来的损失极大。

通信管线纳入综合管廊虽然需要解决信号干扰等技术问题，但光纤通信技术的普及以及采用物理屏蔽措施可以避免此类问题，因此通信管线可以进入综合管廊。

通信电缆应考虑电力电缆的电磁干扰，两者同时敷设应尽量分开，若同侧敷设则应遵循通信电缆在上、电力电缆在下的原则，并保证一定间距，而且近年来发展的光纤通信可以极大地避免电力电缆的干扰。

2.2.11　管廊智能化专业

1）平台建设

（1）系统建设

智慧管廊综合管理监测平台将在规划与土建的基础上，用于承载和管理管廊舱室内外的模型与数据，对接各类监控、监测设备，并集成设备信号的接入、存储、分析与展示。

智慧管廊系统平台与指挥中心拼接屏对接，可管理、展示、调用系统平台中的模型、监测设备数据和视频监控画面。智慧管廊综合管理监测平台的主要功能有模型管理、展示、查询、分析、量算、监测报警、监控调用、数据分析、汇总、报表、知识库管理等。

管廊BIM数据有准确的真实坐标信息，可以真实位置加载进智慧管廊系统，从而1∶1还原管廊的真实面貌。

管廊BIM数据根据真实坐标信息建库后，采用同样的坐标系统和工艺对监控监测设备进行数据采集、建模、建库，并将这部分设备根据真实位置放置在智慧管廊系统中的模型数据中进行管理和调用。

（2）数据建设

为了更直观地观察和管理地下管廊内外的结构、布局、连接关系，需要将各类实体进行数字化，用数字模型还原的形态在平台系统中进行1∶1还原。所需建立的三维模型明细如下：

地下管廊中各舱室内部土建成果结构三维模型数据。如果有现成的BIM成果数据可以直接利用，但需要做数据融合、转换、处理、入库。

地下管廊中各舱室内入廊管线的三维模型数据以及各类辅助设备、监测与监控设备的三维模型数据。考虑到地上地下一体化的展示效果，加入对地下管廊上方建筑、道路的模型数据。

2）设备监测

综合管廊是城市市政基础设施设计现代化的标志之一。将给水、电力、电信、热力等各种管线及其附属设备有选择性地集中安放于一个较大的管廊之内，设有专门的检修口、吊装口和监测系统，实施统一规划、统一设计、统一施工和管理。

综合管廊属于地下封闭空间，一旦发生火灾，会迅速消耗管廊内部氧气并产生大量有害气体，当甲烷、一氧化碳等危险气体达到一定浓度时，还会引起爆炸。更严重的是，发生灾害时管廊内部环境十分恶劣，抢修难度很大，对抢修人员也将造成人身安全的威胁。

综合管廊结构安全的重要性不言而喻，为了保证管廊在其建设和运行过程中的安全、稳定以及管廊内综合管线设施与附属设备的正常运转，应对管廊主体结构进行有效的沉降监测，及时预报、发现工程安全隐患，以便对结构进行加固和完善。同时，对管廊内部环境温湿度、有害气体浓度、通风、集水坑液位、水泵设备状态以及其他系统设备设施运转情况、人员定位等进行全方位综合的监测和预警，第一时间把安全隐患降到最低，提高响应速度和城市综合承载能力。智能化、自动化的管廊监测还能够延长管廊管线、设备设施的使用寿命，节省资金投入。

总之，稳定、可靠、安全、完善、易维护的监测系统平台可为综合管廊管理提供重要基础数据，同时实现对管线和设备的信息共享、实时监测、集中控制，这是管廊管理的重要一环，不可或缺。

（1）沉降监测

设置沉降监测点主要为了监测在土建过程中及土建完成后，管廊在运营中廊体上方地面结构的沉降变化情况。

监测数据上报拟用人工定期测量填报的方式进行数据录入，建议土建过程中每周进行测量，土建完成后每月进行测量。测量成果数据及时录入平台系统数据库，系统将实时分析和展示管廊上方的地面沉降变化动态。

（2）气体监测

监测布控：拟在各个防火区间布设一套气体监测设备，分别为一氧化碳气体监测仪和氧气气体监测仪。

监测数据：采用有线连接的方式进行数据传输和存储。

（3）烟感监测

用于监测烟雾的产生，减少发生火灾的风险。

（4）液位监测

用于监测各舱室的雨水或其他液体的水位变化情况。及时预防舱室内管线液体泄漏或舱室渗水风险。

监测布控：拟在热力舱、水信舱每个防火区间各布设一套液位监测设备。

监测数据：采用有线连接的方式进行数据传输和存储。

（5）压力监测

对接热力管道报警系统设备与信息数据，监测管廊热力舱室内热力管道内液体压力变化情况。

监测布控：在阀门前后设压力表以及压力温度变送器，将压力参数上传至监控中心。

监测数据：采用有线连接的方式进行数据传输和存储。

（6）温湿度监测

用于监测各舱室的空气温度与湿度变化情况。

监测布控：拟在每个防火分区中间部位各布设一套温湿度监测设备。

监测数据：采用有线连接的方式进行数据传输和存储。

（7）智能照明

功能作用：用于监测和控制园区和管廊内部照明设备的开关。

监测布控：可根据照明设备的布局和数量进行随意控制，监控设备可布控在照明设备上，也可布控在照明设备的集中控制箱中。

监测数据：采用有线连接的方式进行信号传输和控制，并可在照明设备故障时上传报错信号。

（8）视频监控

功能作用：用于监测各视频监控目标区域的视频画面。

监测布控：满足全方位且无死角的监控要求。

监测数据：采用有线连接的方式接入视频监控信息，并支持与系统平台模型单体关联和调用。

3

综合管廊施工技术

3.1 工作竖井施工

竖井作为在以浅埋暗挖法施工的综合管廊上方开挖的与综合管廊相连的竖向坑道，其断面形状、尺寸不仅要考虑其布置位置及施工要求，还要综合考虑所使用的提升机具大小、通风管道与排水管道设备的尺寸、是否留作永久通风道以及造价等。

3.1.1 位置选择及布置

综合管廊施工中需要增加工作面时，若综合管廊较长，在覆盖层较薄的地段，或不宜设置斜井的地段，可设置竖井以增加工作面，增加出渣和进料运输线路。

以浅埋暗挖法施工的综合管廊竖井深度一般十几米至几十米。竖井位置可设在综合管廊中心线一侧，与综合管廊以通道相连，这样布置干扰小、更安全，缺点是通风效果差。若受交通或地形限制，竖井与综合管廊的距离可加大，尤其当地面场地紧张时，连接通道长一些还可作为停车储备场地使用。

竖井也可设在综合管廊正上方，与综合管廊直接连通，这样出渣与进料运输都方便快速，且由于无需另设水平通道，通风效果较好，造价较低，但干扰大，施工不太安全。

以浅埋暗挖法施工的综合管廊一般埋深浅，而且地面建筑物多，交通繁忙，所以施工时，为了运输综合管廊内材料并增加土石的出入口，大多需要设置竖井。在交通繁忙地区，为了不影响交通，这类竖井多设于综合管廊线路的一侧或两侧；同时，从经济角度考虑，如果与通风道或人员检修通道出入口永久建筑物相结合，则更为合理，并可降低造价。若不影响交通，将竖井直接设置于综合管廊顶部也是可行的。

3.1.2　竖井结构施工

竖井一般采用倒挂井壁法施工。在地表以下1.0m（原状土）为竖井井圈锁口范围，采用模筑混凝土。井身采用"超前小导管注浆加固＋钢筋格栅＋钢筋网片＋喷混凝土联合支护、人工开挖"。竖井由上而下逆作施工、分段开挖，开挖间距与格栅钢架间距保持一致。施工期间，在井壁设临时爬梯，供施工人员上下。并在竖井口四周设置栏杆，栏杆横杆、立杆一般均采用ϕ32×3.75钢管，间距15cm，栏杆高1.2m。

竖井施工工艺流程见图3-1所示。

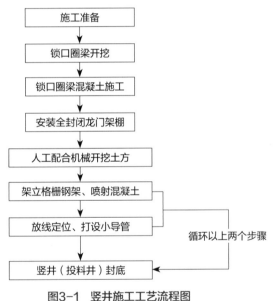

图3-1　竖井施工工艺流程图

竖井开挖顺序如图3-2所示。

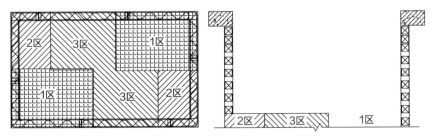

注：1区施工完毕后依次施工2区、3区。

图3-2　竖井开挖顺序平面图

3.1.3 垂直运输系统设计

垂直运输系统设计主要包括运输设备和提升容器的选择、提升方式的确定、提升设备的选择、提升能力的计算等。当井深在30m以内时，多采用龙门吊提升方式。

3.1.4 马头门的加固与破除

马头门施工流程如图3-3所示。

1）井壁加强和临时封底

马头门开挖轮廓线外围应设环向闭合钢架，钢架应设在竖井井壁内。环形钢架可采用型钢或者钢架，环形钢架应与竖井水平钢架可靠连接。马头门处的隧道钢架宜连架3榀。在马头门开挖前，竖井应完成封底作业。必要时在开挖前应对竖井井壁进行二次壁后回填注浆填充加固。

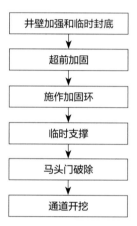

图3-3 马头门施工工艺流程图

当马头门开挖的高度较高时，为避免搭设较高的脚手架，也可以在井壁施工时预设牛腿，用于开挖上部台阶时搭设施工平台；也可在开挖一定深度进行临时封底后再开挖上层马头门。

临时封底建议采用环形封底，如图3-4所示。

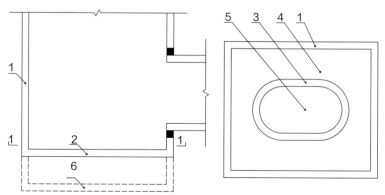

1-井壁；2-临时封底；3-临时封底环形钢架；4-环形钢架外喷混凝土（厚度一般为30cm）；
5-环形钢架内喷射混凝土（一般厚度为10～20cm）；6-竖井底正式封底

图3-4 竖井临时封底示意图

2）超前加固

为防止破除井壁后土体失稳，可根据情况，采用超前管棚或者与通道平行的单层（或双层）超前小导管注浆。超前管棚或小导管注浆加固长度（l）不小于上台阶开挖（l）长度外加1m，即：L=l+1。

3）施做加固环

竖井土、石方开挖至水平环梁底部一定距离，施工水平环梁底模，安装环梁钢筋，预留混凝土横撑钢筋，安装环梁外模，浇筑混凝土。水平加固环梁结构做法视现场实际情况而定如图3-5所示。

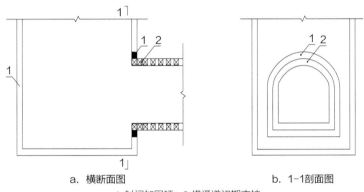

a. 横断面图　　　　　　b. 1-1剖面图

1-封闭加固环；2-横通道初期支护

图3-5　马头门加固环示意图

4）临时支撑

为平衡在开挖马头门时的井筒偏压，必要时可采用在马头门位置加设角撑、对撑、盘撑等临时支撑方法。如图3-6所示。

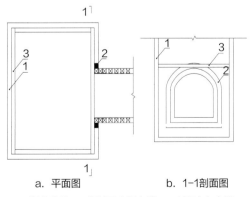

a. 平面图　　　　　　b. 1-1剖面图

1-竖井井壁；2-竖井工字钢支撑；3-水平方向支撑

图3-6　临时支撑示意图

5）马头门范围内井壁破除

井壁破除应按通道的开挖顺序逐块破除，在上部开挖的井壁破除向前开挖一段距离后，再破除下部开挖的井壁，并向前开挖。

现以上下台阶开挖横通道为例，阐述马头门破除和后续开挖顺序，如图3-7所示。

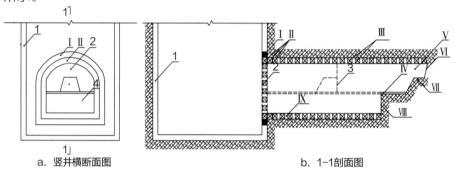

a. 竖井横断面图　　　　　　　　　　　　b. 1-1剖面图

Ⅰ-加固环；Ⅱ-隧道加固环；Ⅲ-上台阶拱顶钢架；Ⅳ-上台阶操作面；Ⅴ-上台阶；Ⅵ-上台阶掌子面；Ⅶ-核心土；Ⅷ-下台阶掌子面；Ⅸ-下台阶钢架；1-竖井壁；2-上台阶井壁；3-临时封闭掌子面；4-下台阶井壁

施工顺序为：①在井壁施工时施作加固环；②按上台阶环形开挖破除井壁；③施作井壁内的上台阶初期支护；④上台阶环形开挖3～4m；⑤施作上台阶初期支护；⑥拆除上台阶核心部分井壁；⑦继续向前开挖上台阶；⑧施作上台阶初期支护；⑨上台阶开挖5～10m后，拆除下台阶范围内井壁；⑩开挖下台阶，施作下台阶初期支护

图3-7　马头门破除顺序图

施工要点为：

靠近马头门处加密钢架（一般密排2榀），其中一榀在井壁内，并不用破除的井圈钢架和喷混凝土为临时仰拱。

上下台阶开挖应在开马头门5m范围内增设临时仰拱。

横通道开挖一定距离（一般大于10m）方可破除下部开挖的井壁，进行下部开挖。

横通道初期支护全部成环且达到一定长度后方可拆除临时支撑。

马头门开挖段井壁宜进行应力应变观测。

6）马头门破除安全保障

竖井上下吊装材料时，井下人员必须躲避至安全区域，不得站立于提升系统正下方，同时竖井内应有足够的照明设施。

主体导洞临时底板破除过程中必须采取有效的防坠落措施。

所有作业人员作业时必须正确穿戴工作服，佩戴安全帽，并使用各工种要求的防护用品。

脚手架搭设必须按要求施工，木板必须满铺，并设置安全防护网，脚手架使用前必须报安全、质量部验收，经安全、质量部验收合格后报监理工程师验收，验收通过后方可使用。

马头门破除应先凿除主体导洞侧壁混凝土，当开槽满足通道架立格栅要求时方可割除侧壁格栅。

混凝土破除后，应对通道掌子面初喷混凝土，初喷厚度不小于5cm。

3.2 浅埋暗挖法施工

在管廊主体结构设计施工中，由于受场地和地质条件影响，不能采用明挖法施工，根据地质条件，可以采用非开挖方式"浅埋暗挖法"。浅埋暗挖法施工受地质条件影响大，相较于明挖法造价与成本高，施工安全风险大，是一种特殊地质、特殊场地情况下采取的技术。

采用浅埋暗挖法施工必须制定严密的施工工艺、施工程序、施工监测方案，并保证执行，才能严格控制风险。

3.2.1 浅埋暗挖掘进施工方法选择

浅埋暗挖工程是在应力岩（土）体中开拓的地下空间施工，在选择施工方法时，应根据具体地下工程的各方面条件（如围岩工程地质条件、水文地质条件、工程建筑要求、机具设备、施工技术条件、施工技术水平、施工经验等）综合考虑。其中，主要影响因素是围岩的地质条件。要选择最经济、最理想的设计和施工方案，甚至要综合多种方案，施工方法的选择是一个受多种因素影响的动态的择优过程。

浅埋暗挖法的施工方法主要有：正台阶法、全断面法、单侧壁导坑正台阶法、中隔墙法等。其中，正台阶法较为常见，而全断面法、单侧壁导坑正台阶法、中隔墙法等工法适用于特殊地层条件。浅埋暗挖法修建综合管廊主要开挖方法见表3-1。

浅埋暗挖法修建综合管廊主要开挖方法表　　　表3-1

施工方法	示意图	重要指标比较					
		适用条件	沉降	工期	防水	初期支护拆除量	造价
全断面法	1	地层好，跨度不大于8m	一般	最短	好	无	低
正台阶法	1 2	地层较差跨度不大于10m	一般	短	好	无	低
环形开挖预留核心土法	1 2 4 3 5	地层差跨度不大于12m	一般	短	好	无	低
单侧壁导坑正台阶法	2 1 3	地层差跨度不大于14m	较大	较短	好	小	低
双侧壁导坑法	2 1 3 1	小跨度、连续使用可扩大跨度	较大	较长	效果差	大	高
中隔墙法（CD工法）	1 3 2 4	地层差跨度不大于18m	较大	较短	好	小	偏高

　　当围岩较稳定时，可以先把综合管廊断面开挖好，然后修筑支护结构，并在有条件时争取一次把全断面挖成。当围岩稳定性较差时，则需要随开挖进行一次支撑，防止围岩变形及产生坍塌。分块开挖后，应及时进行初期支护的施作，一般先开挖顶部，在上部断面挖成后及时进行初期支护，在上部支护的保护下再开挖坑道下部断面。在二次衬砌修筑中必须先修筑边墙，之后再修筑拱券，即采用先墙后拱法施工。

　　工程施工前根据地质水文条件、周边地理环境、施工场地、工程等级类型、周边建（构）筑物、综合市政管线等的沉降要求确定采用环形开挖预留核心土法进行施工。

　　1）正台阶法

　　（1）定义及优缺点

　　台阶法是指先开挖隧道上部断面（上台阶），上台阶开挖一定距离后开始开挖下部断面（下台阶），上下台阶同时并进的施工方法。根据台阶长度，可分为短台阶法、长台阶法、超短台阶（微台阶）法等。

若地层较差，为了稳定工作面，也可辅以小导管超前支护等措施。

优点：增加了工作面，前后干扰较小，有利于机械化作业，进度较快；一次开挖面积较小，有利于掌子面稳定，特别是下台阶开挖时较为安全。

缺点：短台阶法相互干扰，增加对围岩的扰动次数。

施工中采用哪一种台阶法，要根据两个条件来决定：第一是对初期支护形成闭合断面的时间要求，围岩越差，要求闭合时间越短；第二是对上部断面施工所采用的开挖、支护、出渣等机械设备需要的施工场地的大小。对软弱的围岩，主要考虑前者，以确保施工安全；对较好的围岩，主要考虑如何更好地提高机械设备的效率，保证施工中的经济效益，因此只考虑后者。

（2）长台阶法

长台阶法开挖断面小，有利于维持开挖面的稳定，适用范围较全断面法广，一般适用于 Ⅰ ~ Ⅲ 级围岩。在上、下两个台阶上，分别进行开挖、支护、运输、通风、排水等作业线，故而台阶长度较长。但台阶长度过长，如大于100m时，则增加了支护封闭时间，同时也增加了通风排烟、排水的难度，降低了施工的综合效率。因此，长台阶法一般在围岩条件相对较好、工期不受控制、无大型机械化作业时选用。

（3）短台阶法

短台阶法适用于Ⅲ ~ Ⅴ级围岩，台阶长度定为10 ~ 15m，即1 ~ 2倍开挖宽度，主要是考虑既要实现分台阶开挖，又要实现支护及早封闭。出渣采用人工或小型机械转运至下台阶。因此，台阶长度又不宜过长，如果超过15m，则出渣所需的时间过长。

短台阶法可缩短支护闭合时间，改善初期支护的受力条件，有利于控制围岩变形。

缺点：上部出渣对下部断面施工干扰较大，不能全部平行作业。

（4）超短台阶法

微台阶法是全断面开挖的一种变异形式，适用于 Ⅴ ~ Ⅵ 级围岩，一般台阶长度为3 ~ 5m。微台阶法上下断面相距较近，机械设备集中，作业时相互干扰大，生产效率低，施工速度慢。

2）环形开挖预留核心土法

（1）定义及优缺点

环形开挖预留核心土法施工是正台阶法施工的一种开挖方式，适用于地层较差、跨度不大于12m的暗挖工程。一般将断面（图3-8）分成环形拱部（图中的1、2、3）、上部核心土（图中的4）、下部台阶（图中的5）三部分。

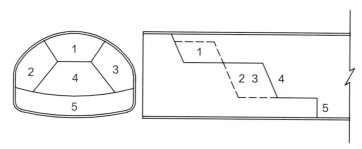

图3-8　预留核心土法示意图

根据断面的大小，环形拱部又可分成几块交替开挖。环形开挖进尺为0.5~1.0m，不宜过长。台阶长度一般以控制在1d内（d一般指隧道跨度）为宜，核心土面积应不小于整个断面面积的50%。

优点：灵活多变，适用性强。凡是软弱围岩、第四纪沉积地层，必须采用正台阶法，它是各种不同方法中的基本方法。而且，当遇到地层变化（不论变好或变坏），都能及时更改、变换成其他方法，所以被称为"浅埋暗挖施工方法之母"。

有足够的作业空间和较快的施工速度。台阶有利于开挖面的稳定，尤其是上部开挖支护后，下部作业较为安全。当地层无水、洞跨小于10m时，均可采用该方法。

缺点：台阶法开挖的缺点是上下部作业互相干扰，应注意下部作业时对上部稳定性的影响，还应注意台阶开挖会增加围岩被扰动的次数等。

（2）施工要点

台阶数不宜过多，台阶长度要适当，一般以一个台阶垂直开挖到底，保持平台长2.5~3m为宜，这样也易于减少翻渣工作量。

装渣机应紧跟开挖面，减少扒渣距离，从而提高装渣运输效率。

应根据两个条件来确定台阶长度：一是初期支护形成闭合断面的时间要求，围岩的稳定性越差，要求闭合的时间越短；二是上半部断面施工时开挖、支护、出渣等机械设备所需的空间大小。

台阶法开挖宜采用轻型凿岩机打眼施作小导管，当进行深孔注浆或设管棚时多采用跟管钻机，而不宜采用大型凿岩台车。

个别破碎地段可配合喷锚支护和挂钢丝网施工，以防止落石和崩塌。

要解决好上下部半断面作业相互干扰的问题，做好作业施工组织、测量、监控及安全管理工作。

采用钻爆法开挖石质综合管廊时，应采用光面爆破技术和振动量测技术来控制振速，以减少扰动围岩的次数。

3.2.2 施工准备和施工程序

浅埋暗挖法施工前，应组织人员进行现场调查，核对设计文件，以便编制施工组织设计方案，确定施工方法。另外，在尽快完成"四通"（水、电、道路、通信）"一平"（平整场地）施工准备的前提下，进行机械设备作业程序的配备工作。

在城区浅埋地段，由于施工对地面交通及建筑物的影响，须特别加强地面沉降的监控量测，通过监控量测数据的反馈，及时对施工方法、开挖步序、初期支护参数进行合理调整。

浅埋暗挖法的施工程序如图3-9所示。

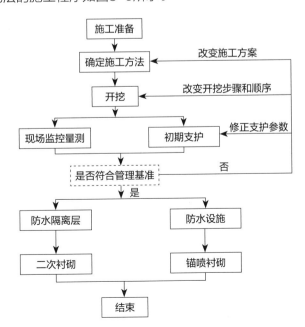

图3-9 浅埋暗挖法施工程序

3.2.3　初期支护施工技术

1）格栅施工

（1）格栅钢架制作

格栅钢架在加工厂冷弯分段制作，主格栅之间采用角钢、螺栓连接，副格栅采用钢板、螺栓连接。格栅钢架加工、安装应符合下列要求：

①格栅钢架的加工焊接应符合钢筋焊接规定。

②加工成型的格栅钢架应圆顺。

③格栅钢架组装后应在同一平面内。

④格栅钢架应架在与隧道轴线垂直的平面内。

⑤格栅钢架安设正确后，纵向必须连接牢固，并与锁脚锚杆焊接成一整体。

（2）网片加工

钢筋网片在现场编网加工成型。采用盘条冷拉调直并除锈后现场截取编网，点焊成网片。

（3）格栅钢架的安装

格栅钢架加工成型以后要进行试拼，试拼符合设计要求之后方能用于安装。格栅钢架各部位采用螺栓连结，同时傍焊筋进行加强，纵向用连接筋连接，环向间距符合设计要求，连接筋单面焊搭接长度不应小于10d。格栅钢架内外两侧铺设钢筋网片。钢架闭合环要及时形成，连结板间若有间隙，应用楔形铁板（或钢格栅主筋型号一致的钢筋）焊牢，以减少钢架变形。格栅间距应符合设计要求。为防止上拱格栅钢架立后下沉，应在侧墙拱架角钢下铺设方木，并立即在两侧拱脚处打入锁脚锚管并注浆加固。

2）超前小导管预注浆施工

（1）超前小导管工艺流程

工艺流程如图3-10所示。

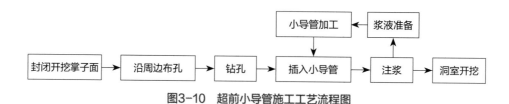

图3-10　超前小导管施工工艺流程图

（2）小导管加工制作

小导管采用普通焊接（或者无缝）钢管加工而成，小导管前端加工成锥形，以便插打，并防止浆液前冲。小导管中间部位钻 ϕ8~10mm溢浆孔，呈梅花形布置（防止注浆出现死角），间距20cm，尾部10cm范围内不钻孔防止漏浆，末端焊 ϕ6mm环形箍筋，以防打设小导管时端部开裂，影响注浆管连接。

（3）施工方法

采用凿岩机钻孔，人工安装超前小导管并与钢架焊接固定，小导管外插角为15°~20°，用注浆泵进行注浆作业，注入水泥单液浆，注浆压力一般为0.8MPa，施工中根据现场试验确定合理的注浆参数。

围岩软弱地段用油锤或凿岩机直接将小导管沿格栅钢架中部打入，尾部与钢架焊接到一起，共同组成预支护体系。注浆前先喷射5~10cm封闭掌子面做止浆墙，当单孔注浆量达到设计注浆量时，结束注浆。注浆参数应根据注浆试验结果及现场情况调整。作业中认真填写注浆记录，随时分析和改进作业，并注意观察施工支护工作面的状态。开挖前试挖掌子面，无明显渗水时进行开挖作业。

3）初衬背后回填注浆

初衬背后回填注浆是控制地面在施工过程中下沉的一个极为重要的有效措施，回填部位主要是初期支护顶部，由于向上喷护与上部土体未密贴或顶部下沉产生缝隙，必须及时充填。注浆管在喷射混凝土前埋设，注浆孔沿管廊拱部及边墙布置；纵向梅花形布置，注浆深度根据规范要求取值，注浆压力根据现场试验确定，注浆顺序为自低处向高处，高处预埋管用于临时跑风，冒浆后用木塞封堵，一般升压至0.4MPa，稳压30s为合格。注浆时如发现预埋管不进浆或不冒浆，重新加换注浆管回填注浆。

注意事项：

①背后回填注浆在初衬结构完成后进行。

②预留注浆孔的埋设，在隧道初衬施工时，为便于回填注浆，拱部插管长度要稍大于初衬厚度。

③为防止注浆管充浆堵塞，混凝土施工时先用塑料泡沫或海绵填堵注浆管，初衬完成后及时清理，保证顺畅。

④所注水泥浆水和水泥的比为1:1，注浆施工时压力控制在0.4MPa以内。

⑤注浆完成后，立即封堵注浆孔，防止浆液外流。

4）初期支护结构施工

浅埋暗挖法施工的工程结构一般采用复合式衬砌支护结构，包括初期支护和二次衬砌。其中，初期支护承受施工过程中所产生的全部基本荷载，二次衬砌则作为提高结构安全度的储备结构，初期支护和二次衬砌共同承受特殊荷载，如地震荷载、人防荷载等。

初期支护包括喷射混凝土支护、喷射混凝土+钢筋网支护、喷射混凝土+锚杆支护、喷射混凝土+锚杆+钢筋网支护、喷射混凝土+锚杆+钢筋网+钢拱架支护、超前小导管（超前管棚）+喷射混凝土+锚杆+钢筋网+钢拱架支护六种主要形式，支护参数（喷层厚度、锚杆长度、网径、钢拱架间距、超前小导管长度等）和形式的选择是比较灵活的，应根据工程所处的工程地质与水文地质条件、工程的重要性等合理选择，初期支护的核心是喷射混凝土、网构钢拱架、钢筋网和必要的锚杆支护，喷射混凝土又可分为初喷和复喷，从安全角度和提高围岩承载力出发，应及时进行初喷混凝土，然后再复喷至设计厚度。

5）喷射混凝土施工

喷射混凝土是浅埋暗挖法施工的主要支护手段之一，喷射混凝土就是把掺有速凝材料的混凝土，用喷射机械通过一定的压力喷射到地下工程开挖后的壁面上。喷射混凝土可分为干喷、潮喷和湿喷三种方式，其中湿喷混凝土按其输送方式又可分为风送式、泵送式、抛式和混合式，采用何种方式，应根据工程的实际情况选择。

6）锚杆（锚管）施工

浅埋暗挖法常用的锚杆（锚管）有摩擦式锚管、早强砂浆锚管、自进式锚杆。

锚杆施工应在初喷混凝土后尽早进行，锚杆一般沿初期支护结构侧壁径向布设，当遇到层状岩体时，其布设方向应尽量与岩层主要结构面成正、斜交，对于黏结型锚管，管杆周围至少应有10~20cm树枝状砂浆和地层交连，在锚杆成孔过程中，要求不破坏孔壁周围原岩的力学性质。

（1）施工前准备

检查锚管的原材料、规格、品种、各部件质量及技术性能是否符合设计要求。

检查锚管自身的直径以及锚管孔是否符合设计要求，准确起见，在钻孔前应做出标记。

根据锚管类型和围岩情况以及孔径、孔深等参数选择钻孔机具。一般采用带分离杆的手持式凿岩机冲击锚管钻入，有条件时也可采用跟管钻孔台车或专用锚杆钻机进行钻孔、安装、灌浆三位一体的工作。土质怕水地层则应采用风吹电钻钻孔。

（2）钻孔作业

成孔的好坏直接影响到锚管的锚固效果，成孔应符合下列要求：

①水泥砂浆锚管孔深误差不应大于50mm，摩擦型锚管孔深应比杆体长50mm。

②钻机跟管随钻随插进管作业时，水泥砂浆锚管孔径应大于管体直径15mm。摩擦型锚管孔径一般比杆体直径小2~3mm（根据拉拔试验确定）。

③锚管插入围岩后，应及时将管孔内积水、积粉和岩渣吹洗干净并及时压注砂浆，不得隔日隔班。

（3）水泥砂浆锚管施工

水泥砂浆锚管也称全长黏结型锚管，采用水泥浆或水泥砂浆把锚管和孔壁周围的围岩结构黏结在一起而锚固在围岩中，这种锚管可用来加固软岩、土砂质岩、破碎岩体和膨胀性岩体，浅埋暗挖法施工中多用此类锚管锁死拱脚和墙脚，其原理是，在围岩产生变位时，通过水泥砂浆的和结力和锚管与围岩间的摩擦力约束围岩的变位，使锚管产生应力，以达到锚固效果，施工时应注意以下几点：

①原材料及配合比要求

锚管管杆宜采用内径为33mm的焊接钢管，使用前应平直无油，砂浆宜采用细砂，最大粒径不得大于2.5mm，使用前应过筛清洗；水泥标号宜用425或525水泥；应使用pH值大于4或SO_4^{2-}含量小于1%的清水。

砂浆配合比直接影响砂浆强度、灌浆密实度和施工能否顺利进行，若水灰比过小，可灌性差，也容易堵管，影响灌浆作业正常进行；水灰比过大，则管体插入后，砂浆易往外流淌，孔内砂浆不饱满，影响锚固效果。

砂浆应拌和均匀，随拌随用，并在砂浆初凝前使用完毕，以保证砂浆本身的质量以及砂浆与锚管管体、砂浆与孔壁的劲结强度，最终保证锚管的锚固效果。

②灌浆作业应注意的事项

采用牛角泵或连续挤压式灌浆机械灌浆，如果灌浆开始或中途停止超过30min，在用水润滑注浆泵及其管路后，才能继续灌浆。

灌浆时，灌浆管应和锚管头部紧密相连，随砂浆的灌入缓慢匀速拔出，避免孔内砂浆脱节，保证锚管全长被砂浆所握裹，若孔口砂浆溢出，说明锚管孔已被灌满。

锚管安装后不得随意敲击，普通砂浆锚管3d内不得悬挂重物，早强砂浆锚管12h内不得悬挂重物，对于自稳能力较差的围岩，为及早施加锚固力，应采用早强砂浆锚管。

灌浆作业开始或中途暂停超过30min再作业时，应采用上圆ϕ36mm，下圆ϕ64mm、ϕ60mm的圆锥筒测定砂浆坍落度，坍落度小于10mm时不得注入罐内使用。

（4）摩擦型锚管施工

摩擦型锚管是一种沿纵向开缝的钢管，打入比钢管外径小2~3mm的锚孔内施加预应力锚管。其原理是管体受孔壁约束产生收缩，使钻孔全长范围内孔周岩体受锚管弹性抗力，从而锚固周围岩体。采用眼管钻机时，直径对摩擦型锚管的锚固力有明显的影响，因此，钻孔前必须检查钻头规格，确保孔径符合设计要求，施工时应遵循下列规定：

①向孔内推入管体，可使用凿岩机或专用连接冲击头直接将锚管打入地层，打入锚管时由于地层阻力而使管缝压紧，产生预张力而锚固，凿岩机工作风压不低于0.4MPa，以保证对锚管有足够的推进力。

②在锚管管体推进过程中，应使凿岩机、锚管管体和钻孔中心在同一轴线上。

③锚管管体应全部推入孔内，以确保围岩三向受压，从而获得锚固力。

④摩擦型锚管首次安装时，至少应做3根试验锚管，如拉拔力不符合设计要求，应及时调整管缝大小和管壁厚度。

（5）自进式锚杆施工

在软弱破碎地层、大变形地段等不良地质条件下，支护最难保证的是锚杆的施工质量，一般砂浆锚杆由于成孔困难，很难保证锚固深度和质量，迈式锚杆（自进式锚杆的一种）解决了成孔问题。

自进式锚杆的特点：

①钻进的主杆就是锚杆体，即通过钻进锚杆来形成钻孔，钻进完成后，锚杆存于孔中而无需拔出，不受坍孔影响，然后可立即注浆进行加固。

②锚杆中空，作为注浆通道，便于注浆作业。

③锚杆可通过连接套加长，适合各种空间下的长锚杆施工。

④如果能做到钻进、灌浆、锚固三位一体和地层紧密结合，锚固力可大大提高，具有可靠、高效、简便的特点。

7）钢拱架和钢筋网施工

钢拱架是在喷、锚、网支护中用于加强承载能力的构件，当喷、锚、网支护所组成的初期支护结构不能及时安全地承受开挖所引起的土体压力，地层不能自稳，顶部锚杆又无法及时作时，工作面必须采取超前支护时，必须设置钢拱架，钢拱架只能在开挖超前支护中先承受松动土体（高3~4m）的压力，钢拱架架立后必须在最短时间内喷射混凝土覆盖，使喷射混凝土和钢拱架共同受力，尽快提高承载能力，使承载力的增长速度大于土体压力的增长速度，做到安全施工，钢拱架一般与超前支护配合。

常用的有型钢拱架（工字钢）和钢筋格栅两种，型钢拱架的施工是利用各种不同型号的型钢按设计长度分段弯成要求的形状，在围岩开挖后及时支护，并按序号顺序拼接，施工方法比较简单。

（1）钢筋格栅与型钢拱架对比

在软弱地层，尤其是大跨度地下洞室，钢架支护逐渐趋向钢筋格栅的形式，型钢拱架一般只用于小型断面或辅助工程，钢筋格栅与型钢拱架相比，具有以下特点：

钢筋格栅是由钢筋焊接而成的，取料方便，截面形状可以改变，可以根据不同的跨度及荷载设计成三肢或四肢组成的三角形或四边形截面，因为钢筋是通用料，施工现场备料简单，不会积压和浪费，这是型钢拱架无法比拟的。

因钢筋格栅一般采用钢筋加工而成，其容许抗拉强度可提高到240MPa，远大于型钢拱架强度（160MPa），在承载力不变的条件下，钢筋格栅断面重量可以减轻，节省钢材，也利于安装，其加工工艺也比较简单，易保证施工质量。

钢筋格栅和喷射混凝土结合较好，形成钢筋混凝土结构体系，喷射混凝土时回弹量也相应减少，喷混凝土的固结力高于型钢拱架，有利于共同承载。

钢筋格栅的弹性模量主要由喷射混凝土控制，喷射混凝土强度由弱变强，具备了先柔后刚的特点，受力后能很快和围岩的刚度相匹配，形成共同承载作用体系，而型钢的刚度远大于围岩的刚度，不利于形成共同承载作用体系。

从喷射混凝土工艺看，型钢背后和地层之间不能用喷射混凝土密贴，造成型钢面和地层之间接触不良，对防水、防腐非常不利。

钢筋格栅安装方便，便于工人用力，处处都有抓力点。

钢筋格栅能和锚杆及超前支护小导管形成整体结构，尤其是超前小导管能从钢筋格栅的中间穿过，便于施工处理，而型钢的腹板位置阻挡了小导管的穿过，通常的做法是在其腹板挖孔洞，严重影响受力，若放在型钢上部，则产生严重超挖。

（2）钢拱架的制作与安装

制作钢拱架时应注意：

①钢架外轮廓线尺寸等于开挖外轮廓线尺寸减去钢架与围岩间预留的5cm空隙。

②型钢弯制钢架，按钢架设计尺寸下料，钢架分节长度宜小于4m。

③钢筋格栅在胎模内焊接时，应控制其变形。

④钢架制好后应进行试拼，检查钢架尺寸、轮廓是否合格。

钢拱架的安装应做到：

①钢拱架安装前应检查工作面开挖净空，并清除钢架底脚处虚渣，不允许超挖拱脚底部，出现超挖时，应垫方木或型钢调整高差，尺寸容许误差横向为5cm，高差为5cm。

②分段钢架用人工在工作面组装成整榀钢架，连接螺栓要拧牢固。

③钢拱架安装后中线容许误差为3cm，高程容许误差为3cm，钢拱架垂直度容许误差为2cm。

④钢拱架校正后，沿拱部周边每隔2m用对口混凝土模子将钢拱架与岩层间模紧。

⑤钢拱架落底接长宜单边交错进行，每次单边接长钢拱架1~3榀，在软弱地层可同时落底接长和底板相连，及时封闭成环，并及时喷混凝土，接长钢拱架和原钢拱架的连接应牢固、准确。

⑥在两榀钢拱架之间，沿钢拱架周边采用纵向连接钢筋进行连接，连接钢筋可采用焊接，也可采用套筒连接，不论采用哪种连接方式必须连接牢固，钢拱架纵向连接好后，应按设计要求迅速进行挂网喷锚支护。

（3）钢筋网的制作与铺设

钢筋网一般和喷混凝土、钢拱架配合使用，其施工比较简单。

钢筋网一般是在施工前预先做好后运到工作面铺设，其具体制作方法为：用 ϕ 4mm或 ϕ 6mm HPB300圆钢筋事先点焊150mm×150mm（100mm×100mm）的片状网格，钢筋网片不宜过大，一般为1m×2m，若需双层铺设时，可将两层交错排列而形成75mm×75mm的网格。

钢筋网的铺设应注意：

①钢筋网应与锚杆、钢架或其他锚固装置连接牢固。

②片状钢筋网的搭接长度宜不小于200mm。

③钢筋网必须用喷射混凝土覆盖，且至少要有20mm厚。

3.2.4　防水施工技术

浅埋暗挖法施工与其他施工方法一样，要求工程完成后，做到不漏水、不渗水。因此，结构防水是一项关键技术，非常重要。

1）防水原则

采用浅埋暗挖法修建地下工程时，不论结构物多么复杂，均应采用复合式衬砌结构，以提高其防水、防裂性能。实践证明，其他结构形式很难保证防水、防裂效果。复合式衬砌是在地下工程开挖后，先用喷、锚、网、钢拱架作初期支护，待围岩及初期支护结构基本稳定后再施作内层二次衬砌：现浇模筑混凝土或钢筋混凝土，并在两层结构之间铺设防水隔离层。为保证地下工程不漏不渗，在制定防水方案时，应遵循"防、排、截、堵相结合，因地制宜，综合治理"的原则。

2）防水结构类型

采用浅埋暗挖法修建的地下工程，如综合管廊工程、地铁车站工程、热力隧道工程等，多位于松软地层中，且有些置于地下水位面以下，水不能自流排出，必须用水泵将地下水排至下水管道，这样不仅消耗电能，而且由于常年抽取地下水，土体易变位，从而导致地面沉降和结构失稳，因此宜采用全封闭防水结构（图3-11）。

防水层结构有两种形式，一种是单层防水板（膜）铺设于初期支护喷

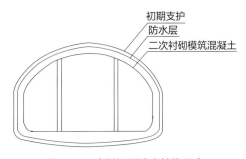

图3-11　全封闭型防水结构示意

射混凝土上，主要用于无水地段，其作用以防开裂为主，排水为辅；另一种是双层结构，先铺一层柔软且具有相当强度的泡沫塑料衬垫，用作缓冲层，以克服喷射混凝土表面粗糙、凹凸不平而易损防水板（膜）的缺点，然后在其上再铺设防水板（膜），用于防水要求高的地下工程及有水地段。

3）防水隔离层施工

防水隔离层的施工包括初期支护喷射混凝土基面处理、无纺布（PE垫衬）铺挂、防水层铺挂、防水层铺挂与接缝处理、防水层保护等工序。

为保证防水可靠和便于施工，可先将PE泡沫塑料垫衬用机械方法铺设在喷射混凝土的基面上，然后用热合焊接方法将EVA或LDPE膜粘贴在固定PE泡沫塑料垫衬的圆垫片上，从而使EVA或LDPE膜无机械损伤。

4）施工中缝隙的防水处理方法

地下结构施工中，经常会出现施工缝，为适应结构收缩变形、基础不均匀和沉降而设置的变形缝及混凝土裂缝，俗称"三缝"。"三缝"是地下水渗出的通道，会直接影响结构物的防水质量，必须认真防治。

（1）施工缝防水处理方法

施工缝是在施工过程中由于不连续浇注而留下的两层混凝土之间的缝隙。

①水平施工缝的处理

水平施工缝处理方法的原理是，使两层间黏结密实或延长渗水路线，阻挡压力水的渗透。施工缝的断面可做成不同形状，常有企口缝、平口缝和钢板止水片等，其结构形式如图3-12所示。在企口式施工缝中，由于凹平缝使用效果差，

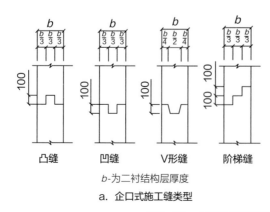

凸缝　　　凹缝　　　V形缝　　　阶梯缝

b-为二衬结构层厚度

a. 企口式施工缝类型

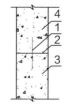

1-钢板止水片；2-施工缝；
3-先浇混凝土；4-后浇混凝土

b. 钢板止水片施工缝示意

图3-12　水平施工缝的结构形式

一般不允许使用。

无论采用何种形式的施工缝，浇注混凝土前均需对表面进行处理：清理浮浆、浮灰及杂物，凿毛，冲洗表面，保持基面湿润。

对防水要求较高的水平施工缝，可采用防水砂浆表面封堵或加贴防水卷材等措施。

②垂直施工缝的处理

垂直施工缝应尽量和变形（沉降、伸缩）缝一致，当必须留施工缝时，可按伸缩缝处理。

（2）混凝土裂缝防水处理方法

在灌筑二次模筑混凝土时，由于其内部产生温度应力、衬砌变形或不均匀沉降，往往导致混凝土裂缝。混凝土裂缝也是地下水渗漏的主要通道，是防水处理的关键部位。混凝土裂缝防水处理主要有排堵结合式和注浆封堵式两种。

①排堵结合式处理方法

在边墙部位产生混凝土裂缝时，可先沿裂缝凿开5cm×5cm的U形槽，然后用塑料半圆管、环氧树脂、PVC防水板、水泥砂浆等填满，使其形成内部排水、外部封堵的防水结构详（图3-13）。

②注浆封堵式处理方法

先沿裂缝凿开5cm×10cm的V形槽，然后用速凝砂浆封堵。在封填速凝砂浆时，按设计要求埋入注浆管，待砂浆强度达到要求后，压注化学浆液进行封堵（图3-14）。

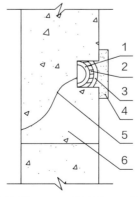

1. 塑料半圆管；2. PVC防水板；3. 刷水泥净浆；
4. 防水砂浆；5. 裂缝；6. 混凝土结构

图3-13　排堵结合式裂缝防水处理

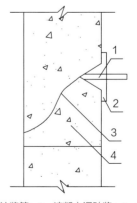

1. 注浆管；2. 速凝水泥砂浆；3. 裂缝；
4. 混凝土结构

图3-14　注浆封堵式裂缝防水处理

（3）变形缝（沉降、伸缩）的防水处理方法

变形缝的防水多用设置橡胶或塑料止水带的方法，但由于施工中安装止水带位置不当或"走形"、止水带材料选择不当等，防水效果不理想。

根据"防、排、截、堵相结合，因地制宜，综合治理"的原则，在管廊施工中采用剔缝→设引水槽→高效防水砂浆抹面→弹性防水材料嵌缝→对缝两边混凝土凿毛→粘贴涂有聚氨酯防水涂料涤纶布（一层，使其呈Ω形，并涂厚2mm的聚氨酯防水涂料）的方案，其结构见图3-15。

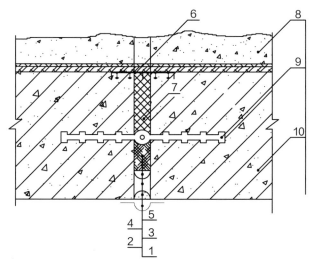

1. 镀锌铁皮引水槽；2. 高效防水砂浆；3. 隔离纸；4. 弹性防水嵌缝材料；5. Ω形防水涤纶布，内外均涂聚氨酯防水涂料；6. 沥青马蹄酯嵌缝；7. 沥青木丝板；8. 豆石混凝土；9. 橡胶止水带；10. 结构顶板

图3-15 变形缝防水结构图

上述方案中防水材料主要有三种：一是高效防水砂浆，二是弹性防水嵌缝材料，三是Ω形防水涤纶布。这三种材料的选择直接影响其防水效果。高效防水砂浆可用无机铝盐水泥防水剂加硅酸钠配制而成；弹性防水嵌缝材料可选用相应型号的中档聚硫密封胶；Ω形防水涤纶布则以用焦油聚氨酯防水涂料效果较佳。

（4）施工要点

①剔槽。沿变形缝剔槽，槽呈U形。为保证防水效果，保证弹性防水材料与混凝土的新结强度，必须将两侧混凝土剔出新茬。

②设引水槽。引水槽采用厚0.5mm镀铸铁皮制作，做成U形，安装时紧卡在槽壁上。为使其排水顺畅，要保持一定坡度。

③抹压高效防水砂浆。将按一定比例配制成的高效防水砂浆用力抹压在引水

槽外,铁皮槽两边砂浆尤其要密实,做到无渗漏和洇水。

④弹性防水材料嵌缝。因双组分聚硫橡胶嵌缝要求基面干净、干燥,故在填胶前要用汽油喷灯烤干或用电热吹风机吹干,然后用射胶枪或用抹子向缝中填压,并立即用硬纸壳托板支住。为了保证双组分聚硫橡胶防水效果,宽度与剔凿的变形缝相等。为使其左右双向受力,槽底面要贴隔离纸。

⑤粘贴涂有聚氨酯涂料涤纶布的Ω形止水带。先对变形缝两侧各60mm范围内混凝土基面打毛,必须剔出新茬,清洗干净,之后用喷灯烤干或用电热吹风机吹干,再在混凝土新茬上涂刷聚氨酯涂料,并立即将中间已涂有聚氨酯涂料的涤纶布粘贴上,用手压紧,注意使涤纶布中间下垂15~20mm,使其呈倒Ω形。涤纶布粘贴完后,立即涂刷一层聚氨酯涂料,12h后再涂第二层。

⑥压水试验。根据工程具体情况,必要时可进行压水试验,也可用肉眼观察处理后的变形缝有无渗漏水、引水槽至排水管是否顺畅。

上述处理变形缝渗漏水的原则也可用于处理漏水严重的施工缝或裂缝。总之,复合式衬砌结构是浅埋暗挖法施工设计中最优的支护结构形式,从受力、防裂、防水以及施工所必需的程序考虑,都需要这种结构形式。

3.2.5　二次衬砌施工

采用浅埋暗挖法施工时,必须采用复合式衬砌结构。二次模筑混凝土衬砌为混凝土或钢筋混凝土衬砌。

1)准备工作

衬砌所用的拱架、墙架、模板宜采用定型金属结构,式样要简单且拆装方便。最好采用模板台车,以确保表面光滑、接缝严密。

一般应整体灌注(拱部、边墙一次灌注),不允许先灌注拱部后灌注边墙,应确保墙脚有牢固的支撑点。

衬砌前,应做好地下水的引排工作,基础部位的浮渣及积水均应处理,并不得使地下水冲淋未终凝的混凝土。

2)混凝土灌注

混凝土灌注应保持连续性,不得任意中断。混凝土灌注时,自由落高不得超过2m,并分层灌注。

3）混凝土的养护和拆模

硅酸盐水泥、普通水泥拌制的混凝土养护不得少于7昼夜，掺用外加剂或有抗渗要求的混凝土养护不得少于14昼夜。表面浇水次数应以能使混凝土表面有足够的湿润状态为宜。

作为复合衬砌的混凝土结构，开始一般不受地压影响，在混凝土强度达到2.5MPa时即可拆模。

4）二次衬砌防水混凝土施工

采用衬砌结构的管廊及其他地下工程，一般采取多道防水措施。在做好防水隔离层时，同时强调结构的自防水，即喷射混凝土和二次衬砌混凝土均采用防水混凝土，尤其是二次衬砌一定要使用防水混凝土，以提高其防水性能。

3.3 盖挖法施工

综合管廊主体结构中盖挖法结构和浅埋暗挖法结构因为其围护结构变形小，能够有效控制周围土体的变形和地表沉降，有利于保护邻近建筑物和构筑物。施工受外界气候影响小，基坑底部土体稳定、隆起小，施工安全。施工时，可尽快恢复路面，对道路交通影响较小。噪声污染、光污染、扬尘污染均较小，对居住环境影响小，故减少了施工对居民区的干扰，因此在老旧小区中有很大的推广和实用价值。

3.3.1 盖挖法施工概述

顾名思义，盖挖法（图3-16）就是先盖后挖。根据小区所在位置的地质条件及小区内综合管线的布设情况，当地质条件相对较好、管线需要拆改更新，或者拟建综合管廊顶板顶的投影上方综合管线数量较少或者均可改移、加固，可以采用盖挖法进行施工。盖挖法施工时，处理混凝土内衬的水平施工缝较困难，应综合考虑基坑稳定性、环境保护、永久结构形式和混凝土浇筑作业等因素。相较于明挖法，盖挖法造价与成本高，施工安全风险大，施工必须采

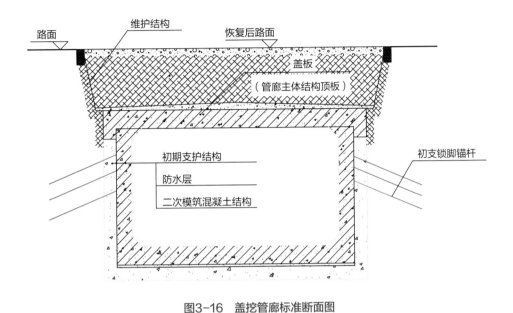

图3-16　盖挖管廊标准断面图

用严谨的施工工艺，制定严格的施工程序、施工监测方案，并保证执行，才能严格控制风险。

3.3.2　施工准备和施工程序

盖挖法施工前，应组织人员进行现场调查，核对设计文件，以便编制施工组织设计，确定施工顺序及方法，同时要重点调查盖挖施工范围内的现状市政管线的材质、埋深、管道介质，管线是否处于工作状态及其覆盖范围，并落实产权单位管理。配合建设单位、监理单位、设计单位、产权单位、管理单位召开管线加固、保护或者改移的专项会议，制定明确的措施并在施工期间加以实施。

同时，在尽快完成"四通"（水、电、道路、通信）"一平"（平整场地）施工准备的前提下，进行机械设备作业程序的配备工作。

由于盖挖施工（图3-17）对地面交通及建筑物的影响相对较为明显，须特别加强对地面沉陷的监控量测，通过反馈的监控量测数据，及时对施工方法、开挖步序、初期支护参数进行合理调整。

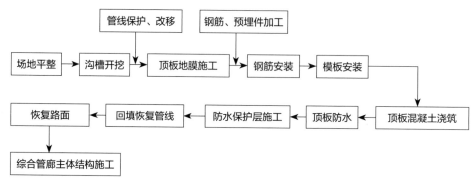

图3-17 盖挖法工艺流程

3.3.3 盖挖管廊主体施工

盖挖法施工是结合明挖施工技术与暗挖施工技术的综合施工技术，其中最关键的技术是结构的防水施工，结构防水施工作为盖挖施工技术的重点和难点在施工中应着重控制。

1）沟槽开挖

根据施工图纸，结合施工现场物探及地勘报告，采用人工配合机械的开挖方式进行沟槽开挖。沟槽开挖的顺序、方法要与设计要求一致，并遵循"开槽支撑，先撑后挖，分层开挖，严禁超挖"的原则，宜分段开挖，根据施工进度合理划分开挖段，施工段的划分宜与综合管廊的仓段一致，设在变形缝的位置。

沟槽开挖时应对平面控制桩、水准点、平面位置、水平标高、支护结构等经常复测检查。机械开挖沟槽时，应有专人指挥，避免开挖过程中碰撞支撑结构。

沟槽开挖至设计标高，采用人工清槽的方式找平槽底，待支护完成后，应安排专人对支护结构、周边情况进行监测。

2）管线保护、改移

在沟槽开挖时，随着沟槽开挖深度的增加，会暴露各类市政施工管线。依据管线保护专项施工方案及时对暴露的现状市政施工管线进行保护、加固、改移，确保管线稳定运行。

3）顶板地膜施工

沟槽验收合格后进行地膜施工，模板采用定型模板，在模板安装完成后，对模板进行验收，检查模板接缝的严密度、牢固度、顺直度，复核模板浇筑5cm

厚水泥砂浆，严格控制砂浆面的高程，并作出标记。水泥砂浆浇筑完成后，及时对混凝土表面赶光压实。为保证地膜顺利脱落，砂浆抹光终凝后，在其表面涂刷脱模剂，脱模剂涂刷后，不得用水冲洗，也不得遭水浸或雨淋，施工期间加强防排水措施，下雨时须搭设雨棚遮盖。要选用非亲水性脱模剂。

4）钢筋（预埋件）安装

垫层混凝土达到设计要求后在垫层混凝土表面弹出钢筋安装定位线，根据施工图及施工技术交底安装钢筋，钢筋绑扎不得跳扣。钢筋安装完成后及时验收。重点检查钢筋接头部位，钢筋保护层厚度，钢筋间距、规格、型号，预埋件预埋件的位置、规格、型号、牢固程度。

5）模板安装

顶板模板宜采用"SZ"系列模板或者胶合板进行现场拼装。遇到变形缝设有止水带时，应特别注意止水带的加固和安装位置，在结构内的部分通过加设钢筋支架固定止水带，结构外部分，可采用方木排临时加固支撑固定。

6）顶板混凝土浇筑

混凝土应连续浇筑，不得留设施工缝，采取压茬赶浆的方法浇筑。浇筑结构变形缝部位的过程中，应先将止水带下部混凝土振捣密实后再浇筑上部混凝土；振捣过程中不得触动止水带，振捣时间以混凝土表面开始泛浮浆和不冒气泡为标准。

7）变形缝部位混凝土施工

变形缝止水带应在混凝土浇筑前固定牢固，变形缝两侧混凝土应间隔施工，不得同时浇筑；在一侧混凝土浇筑完毕，止水带经检查无损伤和位移后方可进行另一侧混凝土浇筑。混凝土浇筑时应仔细振捣，使混凝土紧密包裹止水带，并避免止水带周边骨料集中。

8）顶板防水施工

顶板防水根据施工图及技术交底进行防水施工。因防水材料众多，防水施工与防水材料密切相关，此处不再赘述。

9）防水保护层施工

常用的防水保护层为豆石混凝土，施工方法与底板垫层类似。

10）回填恢复管线

回填土在顶板顶部500mm，以内采用人工分层夯实回填，分层厚度不得大于200mm，距顶板顶500mm以上可采用轻型机械压实回填，分层回填厚度应满足规范及机械性能要求，回填密实度应满足规范要求，每回填完成一层验收一层。回填土中不得有直径大于100mm的土块，砖块、石块、混凝土块、腐殖质，以及建筑、生活垃圾等。

11）恢复路面

路面施工可根据施工图，若施工图没有要求，可根据现场道路切面按原路结构进行恢复。

12）综合管廊主体结构施工

盖挖法综合管廊常见为平顶直墙的断面结构形式（图3-18），拱顶直墙或异形顶直墙均不常见。

盖挖法在主体结构顶板施工（图3-19）完成后，在施工侧墙底板时才用与浅埋暗挖法相同的支护结构——复合衬砌结构即初期支护+二次衬砌结构混凝土。初期支护及二次衬砌施工详见浅埋暗挖法施工部分的初期支护施工技术、防水施工技术、二次衬砌施工技术。

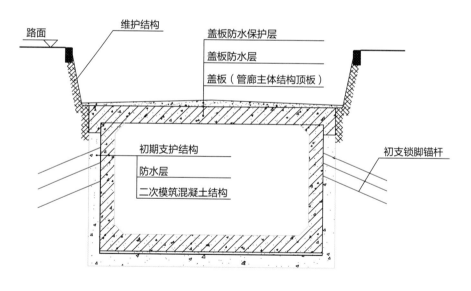

图3-18　盖挖管廊主体结构断面图

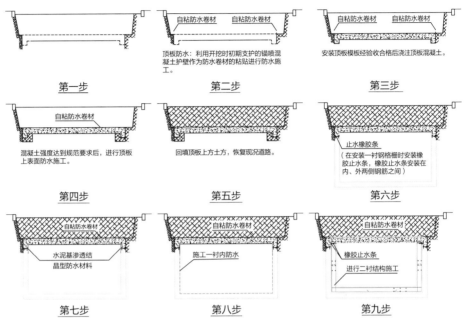

图3-19　盖挖管廊主体施工流程示意图

3.3.4　节点处的防水

盖挖法的难点在于顶板结构与侧墙结合处的防水，因此从设计到施工均作为把控重点，尤其在施工时作为重要控制点进行控制。详见图3-20所示。

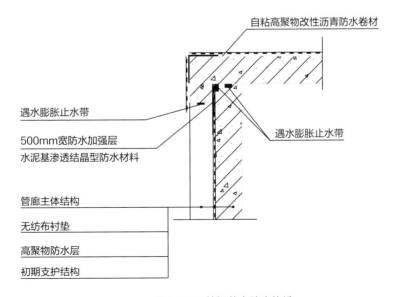

图3-20　盖板节点防水构造

3.4 顶管施工

3.4.1 顶管施工方法的选择

顶管施工就是非开挖施工方法，是一种不开挖或者少开挖的管道埋设施工技术。顶管法施工是在工作坑内借助顶进设备产生的顶力，克服管道与周围土壤的摩擦力，将管道按设计的坡度顶入土中，并将土方运走。一节管子完成顶入土层之后，再下第二节管子继续顶进。其原理是借助主顶油缸及管道间、中继间等推力，把工具管或掘进机从工作坑内穿过土层一直推进到接收坑内吊起。管道紧随工具管或掘进机后，埋设在两坑之间。

1）顶管的特点

顶管施工技术可以减少粉尘，减轻对交通和环境的干扰和破坏，施工时不用封路，选用的工作井与接收井位于交通区域外部，顶进过程中路上交通照常通行，施工面由线缩成点，占地面积小，不会隔断交通。

同时施工过程中产生的噪声小、震动低，施工对居民生活环境干扰小，不影响现有管线及构筑物的使用。不需要开挖、回填和进行路面修复。

先进的顶管方法是全自动遥控，不需要工人在管道内工作，这样不仅免除了工人繁重的体力劳动，对工人安全也有了足够的保证。

2）顶管施工的分类

顶管施工常采用的施工方法分为人工手掘式顶管施工和机械式顶管施工。其中，机械式顶管施工常用的施工方法又有泥水平衡式和土压平衡式两种。顶管施工常用的管材有混凝土管、钢管、玻璃夹砂钢管。

现在比较常用的长距离顶管施工方法为泥水平衡顶管施工、土压平衡顶管施工。

3）原理、特点、适用范围

顶管原理、特点、适用范围详见表3-2。

顶管原理、特点、适用范围表　　　　　　　表3-2

顶管类型	施工原理	特点	适用范围
人工手掘顶管	采用手工的方法来破碎工作面的土层，破碎辅助工具主要有镐、锹以及冲击锤等。破碎下来的泥土或岩石可以通过传送带、手推车或轨道式的运输矿车来输送	短距离、坡度大、转弯多、可变径，占用施工场地小，工作坑只有机械顶管的1/2左右；劳动强度大，速度慢，顶进面土压不能平衡，容易造成塌方，存在一定安全隐患	适用于场地狭小、地质好、无地下水的地质，设备简单、技术难度低，易于推广，管径小于1000mm的管道不允许人工顶进作业，除此具有顶管施工的所有优点
泥水平衡顶管	通过导向头的刀削转动功能将泥土、砂、石破碎，由一条钢管注入水量，拌成浆液，由另一条钢管吸出浆液，将浆液置于离心器内离心脱水，再将干土卸到斗车内运去弃土的地方，分离出的水又回到储水箱内重复循环使用。施工所采用的主要设备为信息化及全自动化泥水平衡顶管机	规划施工场地，建立泥水分离系统及泥浆系统；施工速度快，不受地质条件限制；场地较为干净，存在一定淤泥污染	适用于各种地层，需要的场地在三种顶管中最大
土压平衡顶管	顶管掘进机与其所处土层的土压力和地下水压力处于平衡状态；其排土量与掘进机切削刀盘破碎下来的土的体积处于一种平衡状态。开挖的土体通过渣土运输小车运至顶管井后通过垂直运输系统运至顶管井外	与泥水平衡顶管相比，施工场地无泥水分离系统，占用场地相对较小；施工速度快，场地整洁	适用范围较为广泛，场地相比泥水平衡顶管占地小，不适用于地下水丰富的地质

3.4.2　顶管通用施工措施

1）施工准备

在工程施工区域首先设置地面测量控制网，包括控制基线、轴线和水平基准点，做好轴线控制的测量和校核。施工设置的临时水准点及轴线控制桩必须设置在稳固地段和便于观测的位置，并采取保护措施。使用水准点的数量不宜少于3个，进行测量校核，防止标高和坐标发生错误。

施工设置的临时水准点，轴线桩及工作井施工的中心线定位桩、高程桩，必须经过复核才能施工。基坑监测按设计及相关规范要求进行布点监测。

2）工作井施工

工作井护壁宜选用逆作法（倒挂井壁法）施工，（可参考本书3.1工作竖井施工部分），工作井的结构必须满足井壁支护以及顶管（顶进工作井）推进反向力作用等施工要求。

（1）有关顶管工作井的规定

顶管工作井除前文所述的护壁及结构要求外，还应符合如下规定：

平面尺寸应根据顶管机安装和拆卸要求、管节长度和外径尺寸、千斤顶工作长度、后背墙设置、垂直运土工作面情况、人员作业空间和顶进作业管理要求等确定；

深度应满足顶管机导轨安装、导轨基础厚度、洞口防水处理、管接口连接等的要求；顶混凝土管时，洞圈最低处距底板顶面不宜小于600mm；顶钢管时，还应留有底部人工焊接的作业高度。

（2）顶管工作井结构施工

土方开挖及井壁施工、封底混凝土参考本书3.1.2竖井结构施工部分。

当顶管工作坑施工至设计标高后，及时进行工作坑封底施工。封底一般采用"预拌混凝土+双层封底钢筋"的方式，封底钢筋与侧墙钢筋连为一体。采用预拌混凝土施工时，混凝土浇注要连续，不留任何施工冷缝。振捣密实后用刮尺修平，初凝后为了防止板面出现收缩裂缝，再用灰匙压抹表面。采用喷射混凝土施工时，应从工作坑一侧开始循环往复地沿侧壁喷射，并在工作坑中心收尾。

（3）后背墙施工

顶管后背墙分为预制拼装后背墙和钢筋混凝土后背墙。其中，预制拼装后背墙可采用方木、型钢、钢板、预应力板、钢筋混凝土板，可单独使用，也可组合使用。

后背墙结构强度与刚度必须满足顶管最大允许顶力和设计要求，能有效地传递作用力。

（4）工作井内布置及设备安装、运行

工作井内布置及设备安装、运行应符合下列规定：

导轨是在基础上安装的轨道，一般采用装配式。管节在顶进前先安放在导轨上。在顶进管道入土前，导轨承担导向功能，以保证管节按设计高程和方向前进。

导轨应选用钢质材料制作，其安装应符合下列规定：

两导轨应顺直、平行、等高，其坡度应与管道设计坡度一致。当管道坡度大于1%时，导轨可按平坡铺设。

安装后的导轨必须稳固，在顶进中承受各种负载时不产生位移、不沉降、不变形。导轨安放前，应先复核管道中心的位置，并应在施工中经常检查校核。

3）顶力计算

计算施工顶力时，应综合考虑管节材质、顶进工作井后背墙结构的允许最大荷载、顶进设备能力、施工技术措施等。施工最大顶力应大于顶进阻力，但不得超过管材或工作井后背墙的允许顶力。

4）顶进前准备

开始顶进前应检查下列内容，确认条件具备时方可开始顶进。

全部设备经过检查、试运转，顶管机在导轨上的中心线、坡度和高程应符合要求，防止流动性土或地下水由洞口进入工作井的技术措施，拆除洞口封门的准备措施。

5）顶进施工

应根据土质条件、周围环境控制要求、顶进方法、各项顶进参数和监控数据、顶管机工作性能等，确定顶进、开挖、出土的作业顺序和调整顶进参数。

采用敞口式（手工掘进）顶管机，在允许超挖的稳定土层中正常顶进时，管下部135°范围内不得超挖；管顶以上超挖量不得大于15mm。

超挖量控制详见图3-21所示。

6）顶管过程中的技术措施

管道顶进过程中，应遵循"勤测量、勤纠偏、微纠偏"的原则，控制方向和姿态，并应根据测量结果分析偏差产生的原因和发展趋势，确定纠偏的措施。

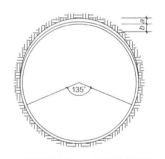

a-最大超挖量；*b*-允许超挖范围

图3-21　管顶超挖示意图

开始顶进阶段，应严格控制顶进的速度和方向。

一次顶进距离大于100m时，应采用中继间技术。

在砂砾层或卵石层顶管时，应采取管节外表面熔蜡措施、触变泥浆技术等减少顶进阻力和稳定周围土体。

长距离顶管应采用激光定向等测量控制技术。

7）施工的测量与纠偏规定

施工过程中，应测量管道水平轴线和高程，如采用机械顶管则对顶管机姿态等进行测量，并及时对测量控制基准点进行复核；发生偏差时应及时纠正。

顶进施工测量前应对井内的测量控制基准点进行复核；发生工作井位移、沉降、变形时，应及时对基准点进行复核。

8）管道水平轴线和高程测量规定

出顶进工作井进入土层，每顶进300mm，测量不应少于一次；正常顶进时，每顶进1000mm，测量不应少于一次。

进入接收工作井前30m应增加测量，每顶进300mm，测量不应少于一次。

9）中继间施工措施

第一个中继间的设计顶力，应保证其允许最大顶力能克服前方管道的外壁摩擦阻力及顶管机的迎面阻力之和；而后续中继间设计顶力应克服两个中继间之间的管道外壁摩擦阻力。

确定中继间位置时，应留有足够的顶力安全系数，第一个中继间位置应根据经验确定并提前安装，同时考虑正面阻力反弹，防止地面沉降。

10）触变泥浆注浆施工

应遵循"同步注浆与补浆相结合"和"先注后顶、随顶随注、及时补浆"的原则，选择合理的注浆工艺；施工中应对触变泥浆的黏度、重度、pH值，注浆压力，注浆量进行检测。

11）顶进中对地层变形的控制

通过信息化施工，优化顶进的控制参数，使地层变形最小；同步注浆和补浆，及时填充管外壁与土体之间的施工间隙，避免管道外壁土体扰动；发生偏差应及时纠偏；采用机械顶管时应保持开挖量与出土量平衡。

12）触变泥浆置换及捻缝处理

拆除注浆管路后，将管道上的注浆孔封闭严密；将全部注浆设备清洗干净。

钢筋混凝土管顶进结束后，管道内的管节接口间隙应按设计要求处理；设计无要求时，可采用弹性密封膏密封，其表面应抹平，不得凸入管内。

13）采取应急处理措施的情况

前方遇到障碍，后背墙变形严重，顶铁发生扭曲，管位偏差过大且纠偏无效，顶力超过管材的允许顶力，油泵、油路发生异常现象，管节接缝、中继间渗漏泥水、泥浆；地层、邻近建（构）筑物、管线等周围环境的变形量超出控制允许值。

14）雷达检测

泥浆置换完成后，需进行雷达检测，对雷达检测出的空洞地方，须再补注水泥+粉煤灰浆充填。

15）设施拆除

套管顶进、换浆、检测全部完成后，拆除顶镐、后背铁等顶管设备。

16）支撑拆除与回填

（1）回填要求

隐蔽工程检验合格后，方允许回填。竖井回填须重视回填质量。回填按修路标准进行分层回填，严格控制回填密实度。

（2）井内支撑拆除

拆除工作井内钢支撑前应及时回填土方，回填土方作业面距临近钢支撑底部不大于1m时，钢支撑方可拆除。钢支撑拆除与回填土作业交替进行。

拆除底层钢支撑及时回填土至其上层环撑下30cm或施工设计规定的位置，方可拆除上一层环撑。

拆除前，对井壁土体和支护结构的稳定性与附近建（构）筑物的安全状态进行巡视分析。

拆除过程中，设专人检查，发现井壁出现裂缝、位移或支护结构出现劈裂、变形等情况，必须及时加固处理。

3.4.3　人工掘进顶管施工

1）施工工艺流程

详见图3-22。

2）工作井施工及井内布置

参见本书3.1工作竖井施工技术部分。

3）管道顶进

人工挖土应在工具管帽端的保护下进行，严禁超挖。

顶进开始时，应缓慢进行，待各接触部分密合后，再按正常顶进速度顶进，每一顶进段长度为30~50cm。

在管节吊入工作井以前，应首先在地面上进行质量检查，确认合格后，在管前端口安放楔形橡胶圈，并在橡胶圈表面涂抹硅油，减小管节相接时的摩擦力。

以上工作完成后再将管节吊放在工作井内轨道上稳好，使管节插口端对正前管的承口中心，缓缓顶入，直至两个管节端面密贴挤紧衬垫，并检查接口密封胶圈及衬垫是否良好，如发现胶圈有损坏、扭转、翻出等问题，应拔出管节重新插入，确认完好后再布置顶铁进行下一顶程。

4）顶进纠偏、测量、减阻、泥浆置换

详见本书顶管施工3.4.2顶管通用施工措施部分。

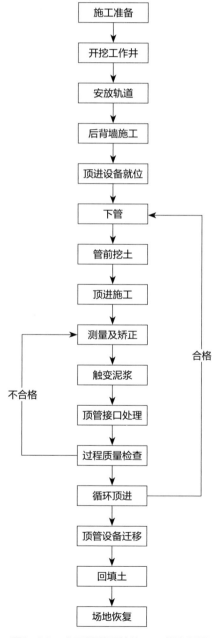

图3-22　人工掘进顶管施工工艺流程图

3.4.4　土压平衡机械顶管施工

土压平衡机械顶管施工是市政管道铺设的一项新技术，它不需要做全线降水（仅做工作坑位置降水），地面沉降小，对地面构筑物的稳定性影响小，施工不影响地面交通，顶进速度快，适应的土质广，从软黏土到砂砾土都适用，是一种全土质的顶管施工方法。

1）施工工艺流程

详见图3-23。

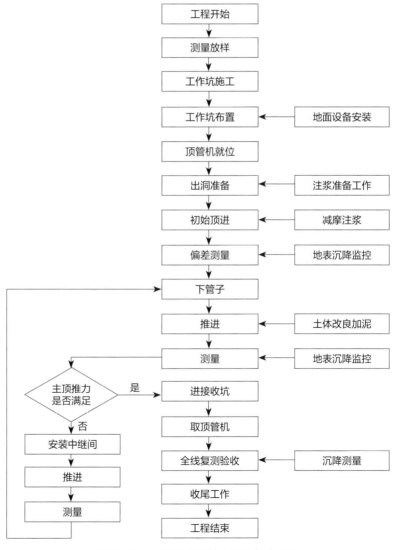

图3-23　土压平衡顶管施工工艺流程图

2）适用范围

适用于在N值0~50的淤泥到砂砾等各种土质条件下施工。

适用于DN800~DN3000的钢筋混凝土管施工，而且适用于钢管施工。

可在穿越河流、公路、铁路、房屋等覆土较深的条件下作业，而且可在覆土深度不小于0.8倍管外径的浅覆土条件下施工。

3）施工方法

工作井施工及布置、顶力计算详见本书3.4.2顶管通用施工措施部分。

4）顶管机就位

将顶管机放入顶进坑内的导轨上，顶管机前端距井壁约300mm。就位后先检查顶管机的轴线是否与机坑轴线、导轨轴线以及主顶油缸的轴线保持一致，发现偏差立即调整。无误后再进行顶管机电路、油路、注浆系统的安装调试。

5）开洞门与出洞门加固措施

顶管机进出洞口是关键工序，由于顶管机重量大，在软弱地层中顶进时，为防止顶管机在出洞时发生"叩头"现象，需对洞口外土体进行固化处理，同时还要有良好的止水效果，防止洞口开启时泥沙涌入井坑内，造成危险，采用小导管全断面注浆加固洞口周围土体。

6）机头入洞及初始试验

先将洞口处的墙壁凿除，洞口处，人工向前挖土500~800mm，再将机头徐徐推进洞口，刀盘全部进洞后，调整止水圈位置，使其完全封闭地下水。开动顶管机刀盘，刀盘边旋转边推进。掘进机开始入洞时，机头外露，入土前2m顶进时，顶进速度控制在1cm/min，以防机头整体旋转，并观测机头倾角和旋转变化，及时修正和调整。机头完全入洞后，调整泥舱压力使其满足设计要求，下第一节管做反封闭。顶进第一节混凝土管时，每0.3m测量一次。机头顶进速度为5cm/min，流量计设定在设计允许范围内。将顶进前20m范围作为试验段，全面收集顶进数据（顶力、刀盘扭矩等）和地层变形测量数据，推断土压、注浆量、注浆压力等值设定是否适当，为正常顶进作业提供控制依据。

7）正常顶进、触变泥浆减阻、顶进测量、关节安装、顶进纠偏、泥浆置换详见本书3.4.2顶管通用施工措施部分。

顶进速度：顶进速度控制根据现场收集的数据进行调整。平均每天控制在顶进10m距离内为宜。

出土外运：掘进机刀盘切削破碎土体，由螺旋输送机将泥土输入到管道内部，使用土车通过管道将泥土运入顶进坑中，再使用吊车运到地面，倒入泥土暂存区，定期外运。

机头出洞：机头接近出洞口时，降低顶进速度、减少土仓压力，注意检查排土量，加强工作井周围地层变向监测，超过预定值时必须采取有效措施才可以继续掘进。

机头推进到距接收坑约3m处，拆除接收坑洞口处的墙壁，从接收洞口中心部位打进一根钢钎寻找机头，仔细测量机头上、下、左、右四个方向，与出洞口的大小、位置合适时，启动主顶油缸继续推进，正常进行进、排泥操作，至中心刀露出时，停止推进。安置机头接收托架，然后慢慢将机头推入接收坑内。

拆除顶管机的电源线、注浆管、油管，并拆除顶管机与第一节混凝土管的连接板。使用吊车将掘进机吊运出坑。

3.4.5 泥水平衡式机械顶管施工

1）施工工艺流程

详见图3-24。

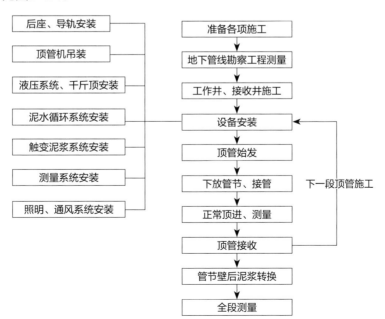

图3-24 泥水平衡式顶管施工工艺流程图

2）施工准备、测量定位、工作井施工、后背墙施工、设备安装、导轨安装、正常顶进

详见本书3.4.2顶管通用施工措施部分。

3）掘进机安装

对掘进机的电路、水路、油路、泥水管路和操纵设备进行逐一连接，并进行试运转。

4）出泥系统

铺设ϕ165（内径155mm）排泥管道，采用卡箍连接，由排泥泵输送排入井外的泥浆池内。

5）始发试掘进

开始试掘进前检查以下项目：止水密封圈、导轨标高、平面位置、各管路连接情况、其他各设备试运转情况等。

6）出洞措施

出洞时主要考虑洞口位置土体是否有坍塌下沉，工作井内人员是否安全。为防止初始掘进后机头下沉，主要采取以下措施：

在钢套筒内制作延伸导轨，减少顶管机悬臂长度。

加固工作井预留洞口外侧土体。

试掘进过程中检查设备运行是否正常。

7）顶进施工

（1）启动刀盘

接通电源，转动掘进机的刀盘，当设备的参数稳定后，开进出泥浆泵，开始泥浆循环。

（2）顶进、调整进出泥浆泵流量

掘进机的操作全部由管道外（工作井上）控制台控制，可对掘进机刀盘进行转动控制、纠偏控制、压力显示、实时监控（掘进机安装了摄像头，控制台上安装了显示器）。

顶进千斤顶，观察工作仓的土压力表，调节泥浆泵的流量，使工作仓达到泥水平衡，当进泥和吸泥泵稳定工作时，调节进泥和吸泥的泵量，使工作仓内保持一定压力，仓内泥水压力应与地下水压力平衡。顶进速度宜控制在4～8cm/min。

（3）泥水处理

施工中产生的泥水通过排泥泵排到泥浆沉淀池。泥浆经过沉淀后浓度降低，表层清水可重复使用。泥浆沉淀后，将沉淀渣土从沉淀池中捞出，运至弃土场。

（4）减阻措施

详见本书3.4.2顶管通用施工措施部分。

（5）掘进机纠偏

详见本书3.4.2顶管通用施工措施部分。

8）通信、通风、照明

超长顶管进人操作时，应配置通风设施。通风的空气质量应符合环保要求，通风量不低于30m³·人/h。道内为潮湿环境，照明采用24V电源供电。

9）管材安装，中继间安装

详见本书3.4.2顶管通用施工措施部分。

10）到达

掘进机在进洞前10m范围内减慢顶进速度，减小管道正面阻力对接收井的不利影响。

当掘进机距接收井还有30m左右时，应加强轴线复测力度，将掘进机准确侧放于接收井内，从而确保安全出洞。

当掘进机顶进至距接收井壁10cm处时，缓慢顶进直至穿出封堵洞口砖墙。

掘进机进洞后及时将与掘进机连接的管材分离，吊起掘进机以后，立即将预留孔和管壁之间的空隙用水泥砂浆填充密实。

11）设备拆除转移、雷达检测、支撑拆除与回填

详见本书3.4.2顶管通用施工措施部分。

3.5 施工监测控制

3.5.1 施工监测项目与监测点布设

1）浅埋暗挖法监测项目与监测点布设

浅埋暗挖法监测项目与监测点布设详见表3-3。

浅埋暗挖法支护结构和周围岩土体监测项目与监测点的布设　表3-3

序号	监测对象	监测项目	监测点布设
1	支护结构	初支结构拱顶沉降	沿每个导洞轴线方向，在隧道拱顶5~30m宜布设一横向监测断面，每个断面宜布设1~3个监测点
2		初支结构底板隆起	监测点宜布设在隧道底部，与拱顶沉降监测点宜对应布设
3		初支结构净空收敛	沿每个导洞轴线方向5~30m宜布设横向净空收敛监测断面，且宜与拱顶下沉监测点在同一断面上，每个断面宜布设1~3条测线
4		中柱结构竖向位移	应选择有代表性的中柱进行竖向位移监测，监测数量不应少于中柱总数的10%，且不应少于3根
5		初支结构应力	宜在地质条件、环境条件复杂的部位布设监测断面，每个断面监测点数量宜为15~20个
6		中柱结构应力	应选择有代表性的中柱进行监测，监测数量不应少于中柱总数的10%，且不应少于3根，在中柱同一水平面内宜均匀布设4个应变计
7	周围岩土体	地表竖向位移	应沿每条隧道或分部开挖导洞的轴线上方地表布设，点间距宜为5~15m；应根据环境和地质条件布设横向监测断面，断面间距宜为10~100m；附属结构、明暗挖等分界部位，以及隧道断面变化、联络通道、施工通道等部位应布设断面，每个断面监测点的数量宜为7~11个
8		地下水位	降水区域及影响范围内宜分别布设水位观测孔，数量应满足反映降水区域和影响范围内地下水动态的要求
9		土体分层竖向位移、水平位移	在地层疏松、存在土洞、溶洞等地质条件复杂的地段或邻近重要建（构）筑物、地下管线等周边环境条件复杂的地段，应布设监测点
10		初支结构围岩压力	宜在地质条件、环境条件复杂的部位布设监测断面，每个断面监测点数量宜为15~20个，宜与初支结构应力监测点对应布设

2）盖挖法监测项目与监测点布设

盖挖法监测项目与监测点布设详见表3-4。

盖挖法围护结构和周围岩土体监测项目与监测点的布设　表3-4

序号	监测对象	监测项目	监测点布设
1	支护结构	桩（墙、边坡）顶竖向位移、水平位移	沿基坑周边支护结构或边坡顶部布设，间距宜为10~30m；在基坑长短边中部、阳角部位、基坑深浅交界处、周边邻近重要建（构）筑物、重要地下管线及荷载较大部位等应布设监测点
2		桩（墙）体水平位移	沿基坑支护结构布设，间距宜为20~50m；在基坑长短边中部、阳角部位和其他代表性部位等应布设监测点；宜与桩（墙）顶水平位移测点处于同一位置
3		立柱竖向位移	不应少于立柱总数的5%，且不应少于3根；当基底受承压水影响较大或采用逆作法施工时应适当增加监测数量；宜选择基坑中部、多根支撑交汇处、地质条件复杂处的立柱进行监测
4		支撑内力或轴力	每层支撑的监测数量不宜少于每层支撑总数的10%，且不应少于3根；应监测在支撑体系中起控制作用和基坑深度变化部位的支撑
5		锚杆（索）、土钉拉力	每层锚杆（索）、土钉拉力监测的数量宜分别不少于每层锚杆（索）、土钉总数的1%~3%和0.5%~1%，且每层均不应少于3根；应选择受力较大且有代表性的部位布设监测点
6		竖井初期支护净空收敛	沿井壁竖向每3~5m应布设一个监测断面，每个监测断面在竖井长、短边中部布设监测点，且不应少于2条测线
7		桩（墙）应力	在基坑长短边中部、深浅基坑交界处、桩（墙）体背后水土压力较大、地面荷载较大、受力条件复杂等部位应进行监测，测点竖向间距宜为3~5m
8		立柱结构应力	应布设在受力较大的立柱上，沿立柱周边在同一水平面内宜均匀布设4个应变计
9		顶板应力	宜在有代表性的立柱（或边桩）与顶板的刚性连接部位、两根立柱（或边桩与立柱）的跨中部位布设，每处应在纵横两个方向上布设
10	周围岩土体	地表竖向位移	沿基坑周边布设监测点不应少于2排，排距宜为3~8m，点间距宜为10~20m；在有代表性的部位设置主监测断面，断面上，在基坑各侧的监测点数量不宜少于5个
11		地下水位	在降水区域及影响范围内宜分别布设，水位观测孔的数量应满足掌控降水区域和影响范围内地下水动态的要求
12		土体分层竖向位移、水平位移	沿基坑周边布设，间距宜为20~50m；基坑长边中部、阳角处或其他有代表性的部位等应布设监测点
13		桩（墙）侧向土压力	应布设在围护结构受力较大、土质条件变化较大或其他有代表性的部位；测孔中竖向测点间距宜为2~5m
14		坑底隆起（回弹）	沿基坑长短边中部按纵、横向布置断面，监测点宜选择在基坑的中央、距坑底边缘1/4坑底宽度处以及其他能反映变形特征的位置；当基底土质软弱、存在承压水时，宜增加监测断面或监测点数量
15		孔隙水压力	监测点宜布设在基坑受孔隙水压力、变形较大，存在饱和软土和易产生液化的粉细砂土层部位；测点竖向宜在水压力变化影响深度范围内按土层分布情况布设，间距宜为2~5m，数量不宜少于3个

3）周边环境监测项目与监测点的布设

周边环境监测项目与监测点的布设详见表3-5。

周边环境监测项目与监测点的布设　　　　　表3-5

序号	监测对象	监测项目	监测点布设
1	建（构）筑物	竖向位移	位于主要影响区时，监测点沿外墙间距宜为10~15m，或每隔2根承重柱布设1个监测点；位于次要影响区时，监测点沿外墙间距宜为15~30m，或每隔2~3根承重柱布设1个监测点；在外墙转角处应有监测点控制
2		裂缝	应选择有代表性的裂缝布设监测点
3		水平位移	监测点应布设在邻近基坑或隧道一侧的建（构）筑物外墙、承重柱、变形缝两侧及其他有代表性的部位
4		倾斜	监测点应沿主体结构顶、底部上下对应按组布设，每组不应少于2个点
5	地下管线	水平位移	土层偏压或附加荷载地段宜进行水平位移监测，监测点位置及数量应根据实际情况确定
6		竖向位移	管线的节点、转角点等位移变化敏感部位应布设监测点
7		差异沉降	
8	桥梁	墩台竖向位移	监测点应布设在墩柱或承台上，每个墩柱和承台不应少于1个测点
9		墩台差异沉降	
10		墩柱倾斜	监测点应沿墩柱顶、底部上下对应按组布设，每组不应少于2个测点
11		裂缝	应选择有代表性的裂缝布设监测点
12		梁板应力	监测点宜布设在梁板结构中部或应力变化较大的部位
13	道路、高速路	路基竖向位移	可依照各施工工法地表竖向位移监测点布设原则，并结合工程实际情况布设
14	既有城市轨道交通地下线	隧道结构竖向位移	监测点的布设应符合设计文件要求
15		轨道结构竖向位移	
16		隧道、轨道结构裂缝	
17		轨道几何形位	
18		隧道结构水平位移	
19		隧道结构净空收敛	
20	既有城市轨道交通地面线、铁路	路基竖向位移	
21		轨道几何形位	

4）沉井监测项目与监测点的布设

沉井监测项目与监测点的布设详见表3-6。

沉井监测项目与监测点的布设　　　　表3-6

序号	监测项目	监测点布设
1	地下管线位移	参照周边环境监测点布设
2	建（构）筑物沉降	参照周边环境监测点布设
3	地表土体沉降	参照浅埋暗挖监测点布设
4	地下水位	参照浅埋暗挖监测点布设
5	结构高差	代表性的部位
6	建筑物、地表裂缝	参照浅埋暗挖监测点布设

5）盖挖法监测频率

盖挖法监测频率详见表3-7。

盖挖法监测频率　　　　表3-7

施工工况		基坑设计深度/m				
		5~10	10~15	15~20	大于20	
基坑开挖深度/m	不大于5	1次/d	1次/2d	1次/3d	1次/3d	1次/3d
	5~10	—	1次/d	1次/2d	1次/2d	1次/2d
	10~15	—	—	1次/d	1次/d	1次/d
	15~20	—	—	—	（1~2次）/d	（1~2次）/d
	大于20	—	—	—	—	2次/d

6）浅埋暗挖监测频率

浅埋暗挖监测频率详见表3-8。

浅埋暗挖监测频率　　　　表3-8

监测部位	监测对象	开挖面与监测点或监测断面的距离	监测频率
开挖面前方	周围岩土体、周边环境	$2B < L \leq 5B$	1次/2d
		$L \leq 2B$	1次/d

监测部位	监测对象	开挖面与监测点或监测断面的距离	监测频率
开挖面后方	初期支护结构、周围岩土体、周边环境	$L \leqslant B$	（1~2次）/d
		$B < L \leqslant 2B$	1次/2d
		$2B < L \leqslant 5B$	1次/d
		$L > 5B$	1次/（3~7d）
		监测数据趋于稳定	1次/（15~30d）

注： 1. B为喷锚暗挖法隧道或导洞开挖宽度（m），L为开挖面与监测点或监测断面的水平距离（m）。
　　 2. 临时中隔壁或临时仰拱拆除后，地表和周边环境的监测频率应适当增加。

7）沉井监测频率

沉井监测频率详见表3-9。

沉井监测频率　　　　　　　　　　　表3-9

施工进度	监测频率
下沉前	至少3次初值
下沉过程	1次/d，监测数据超过报警值时应2次/d
结构接高过程	1次/2d
封底过程	1次/d，监测数据超过报警值时应2次/d
封底结束7~30d	1次/3d
后期30~60d	1次/15d

8）监测数据处理及成果反馈

应及时整理和校对监测数据，应计算监测数据的累计变化量、阶段变化量、变化速率，应将监测数据绘制成时程曲线、断面曲线，并应根据施工工况、工程地质条件及环境条件对监测数据的变化原因、变化规律及发展趋势进行分析、判断，形成监测报告。

监测报告宜分为日报、周报、月报、年报及总结报告，并应适时报送相关单位。监测数据达到预警标准时，应立即向施工单位项目负责人、监理单位、建设单位和其他相关单位报告，并应加密现场监测和巡查的频率。

3.5.2　地下管线保护、建筑保护

1）地下管线现状调查与保护

施工准备期间，应会同相关单位一起调查复核施工影响范围内的各种管线。地下管线核查的主要内容包括：

制定详尽细致的核查计划和核查方案。

认真整理和确认相关单位及业主提供的管线资料。

走访施工辖区影响范围内所有管线的业主及产权或主管单位，搜集相关的管线资料，探查和确认地下所有管线。

准确探查和测定出施工区域内所有管线的种类、位置、埋深、形状、尺寸等，并将核查结果报相关部门确认。

向有关部门确认各类管线的容许变形量。

铸铁给水管道、通信和燃气管线一般采用悬吊保护的措施。管道悬吊保护要做好方案设计。

2）建（构）筑物保护

施工前，确定既有建（构）筑物的已有破损程度及其状况。调查内容包括：建（构）筑物的名称、位置、归属单位、建（构）筑物的用途、建（构）筑物的层数（高度）、有无地下室、建造时间、结构类型、内外构件有无损伤及裂缝、建（构）筑物的基础类型、基础深度等，并出具调查报告。

3.6　安装施工

3.6.1　安装工程总体概述及原则

1）综合管廊安装工程的总体概述

综合管廊机电系统一般分为两大类。第一类为综合管廊本体的机电系统，一般包括支吊架系统、通风系统、供电系统、照明系统、给水排水系统、消防系统、标识系统等，以及与机电设备同级别的监测报警及智慧管理系统。第二类为

入廊管线系统，一般包括强电供电管线系统、弱电通信（含有线电视）管线系统、给水管线系统、排水管线系统、供热管线系统、燃气管线系统、再生水管线系统、气体垃圾管道管线系统等。

2）综合管廊安装的原则

综合管廊管线安装遵循先支架后管线、先上后下，先粗后细、先内侧后外侧的原则。本着"规划先行、适度超前、因地制宜、统筹兼顾"的原则，规划管线配套支架的预埋件在结构施工时适度超前预埋、预留，入廊管线支架系统跟随入廊管线同步施工。

综合管廊机电安装工程是在有限的空间里安装大量的机电设施设备，用来满足管理运维的需要。这就要求清楚机电设备设施的规格、型号、尺寸与管廊空间的大小、管线的布局。因此，在机电工程施工前应采用BIM形象地模拟出管廊、管线、设备三者的关系，优化管线及设备位置，以避免出现管线碰撞、设备无空间位置、人员无法通行等一系列机电设备安装通病。BIM模型中出现上述问题时，应及时采取相应措施进行优化：变更管线走向，加设或减少管件数量，改移控制箱位置，调整机电设备的高程，必要时通过定制设备来解决上述问题。

3.6.2 预留预埋与支架

1）预留预埋要求

根据图纸绘制相应结构留洞供施工和检查使用。会同专业技术人员熟悉图纸，对本专业管路和金属线槽、桥架等的走向形成立体的认识，审核预留洞有无冲突，发现问题及时通过设计解决。

预留套管时，应有专人按设计图纸测定套管的位置、标高尺寸，标好孔洞的部位，将预制好的模盒、预埋铁件在绑扎钢筋前按标记固定牢，还要注意与钢筋网做好电气连通，在浇注混凝土过程中应有专人配合校对，看管埋件，以免移位。

2）支吊架安装

支架如需预埋件，则在预埋阶段完成预埋件的预埋，后期安装保证支架与预埋件固定牢固，保证与管廊地坪垂直。如有不符合要求的要及时调整。

施工时一定要保证支架安装外观的一致性，尤其是舱内两侧均布置支架的情况，要保证左右侧的支架安装方向一致。

3）桥架安装

桥架安装工艺流程如图3-25所示。

图3-25　桥架安装工艺流程

根据深化设计图中桥架的分布进行弹线定位。采用激光定位垂线仪及水平投射仪结合全站仪放线。准确定位预埋件在墙体上的位置，确定支架预埋件的固定点。

将支吊架预埋件按照深化设计预埋好，固定牢固，避免发生倾斜，然后再将成品支架按图安装。线槽、桥架在穿过防火分区时，必须对桥架与建筑物之间的缝隙做防火处理，防火材料应满足设计要求，当设计无要求时应满足相应的规范要求。

桥架安装应平直整齐，安装允许偏差参考现行《城市综合管廊工程施工及质量验收规范》DB11/T 1630的相关规定及设计图的要求。桥架连接处应当牢固可靠，接口应平直、严密，桥架应齐全、平整、无翘角、外层无损伤。根据深化设计图，对桥架的配件进行编号和标识。

电缆桥架应可靠接地，保证和接地母线良好焊接，以保证电气上的连续性。

3.6.3　电力及照明系统

电力供电系统施工安装及验收应符合现行国家标准《电气装置安装工程电缆线路施工及验收规范》GB 50168、《建筑电气工程施工质量验收规范》GB 50303的要求。

1）安装方法

（1）配电箱（柜）安装

①工艺流程

如图3-26所示。

图3-26 配电箱（柜）安装工艺流程

②通用安装技术

根据施工图要求找出配电箱（柜）的位置，并按照箱（柜）的外形尺寸进行弹线定位，弹线定位的目的是找出预埋件或膨胀螺栓的位置。

配电箱挂墙明装：配电箱的安装应根据图纸找出准确的固定点位置，用电钻或冲击钻在固定点位置钻孔，其孔径应刚好将金属膨胀螺栓的胀管部分埋入墙或地面，且孔洞平直、不得歪斜。

配电柜安装在整体型钢基础上，柜体应竖直，垂直误差应满足现行施工规范或施工图要求。安装前要进行整体型钢焊接制作、防腐并安装调整型钢基础，安装完成后在配电箱安装前应进行相应的验收工作。配电柜安装应用镀锌螺栓。

配电箱（柜）接线：箱柜内配线整齐，绑扎成束，无铰接现象，在活动部位应用长钉固定，盘面引出及引进导向应留有适当余度，以利于检修。回路编号应齐全，标识正确。导线连接紧密，不伤芯线，不断股。垫圈下螺丝两侧压的导线截面积相同，同一端子上不多于2根。防松垫圈等零件齐全。

③低压配电箱（柜）安装

箱内分别设置零线（N）和保护地线（PE）汇流排，零线和保护地线经汇流排配出。电箱全部安装完毕后，绝缘测试项目包括相线与相线之间、相线与零线之间、相线与地线之间、零线与地线之间。

安装大样见表3-10。

配电箱、柜安装示意图表　　　　　　　表3-10

序号	项目	示意图	说明
1	配电箱安装		1-支架；2-钢管；3-配电箱；4-接地线；5-膨胀螺栓；6-墙体

续表

序号	项目	示意图	说明
2	配电柜安装		1-钢管或桥架、线槽；2-配电柜；3-槽钢基础

（2）高低压配电（屏）柜安装

安装前首先检查各种屏、柜，应认真查对所需的技术资料。

装有电器的可开启的屏、柜门，应从软导线与接地的金属构架可靠连接。屏柜体及内部设备与各构件连接牢固，不宜与基础型钢焊死。

成列屏柜相互间应用标准镀锌螺栓连接，屏与屏、柜与柜之间的缝隙应满足设计要求。

（3）变压器的安装

干式变压器应水平稳定放置并安装稳固，底部用防震胶垫垫起离地，防震胶垫厚度应当满足设计要求，当设计无具体要求时应满足《城市综合管廊工程施工及质量验收规范》DB11/T 1630的要求，以降低噪声。

变压器安装后，套管表面应光洁，不应有裂纹、破损等。温控装置、套管压线螺栓等部件应齐全，外壳干净。变压器高压、低压线圈之间严禁有异物遗留。

变压器本体接地线截面应满足规范要求。

干式变压器的铁芯和金属件、带有防护罩干式变压器金属箱体的保护接地、变压器中性点接地线分别与配电室接地网独立连接，接地线两端必须用接线端子压接或焊接，接地应可靠，紧固件及防松零件齐全，与主接地网的连接应满足设计及规范要求。

变压器高低压接线应用镀锌螺栓连接，所用螺栓应有平垫圈和弹簧垫片，螺栓紧固后，螺栓宜露出2~3扣。高腐蚀地区，宜采用热镀锌螺栓。

2）电缆敷设

（1）工艺流程

如图3-27所示。

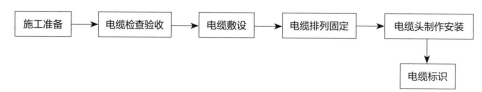

图3-27　电缆敷设工艺流程

①桥架内电缆敷设：电缆敷设前进行绝缘摇测或耐压试验。1kV以下的电缆，用1kV摇表摇测线间及对地的绝缘电阻应不低于10MΩ。电缆敷设后，未接线以前，应用橡皮包布密封后用黑胶布包好。

②水平敷设：敷设方法可用人力或机械牵引。电缆应单层敷设，排列整齐，不得有交叉，拐弯处应以最大截面电缆允许弯曲半径为准。不同等级电压的电缆应分层敷设。

③电缆排列固定：桥架内电缆应排列整齐，固定点一致。电缆固定采用尼龙扎带，间距1m以内，每20m用金属电缆卡作加强固定。单芯电缆的固定卡不能形成闭合磁场回路。

④电缆头制作：所有接线端子均采用紧压铜端子，端子与电缆线芯截面相匹配，铜端子的压接采用手动式液压压接钳，采用热缩头、热缩管作为电缆头绝缘保护。电缆终端制作好，与配电柜连接前要进行绝缘测试，以确认绝缘强度是否符合要求。同时电缆要做好回路标注和相色标记。

⑤电缆的标识：沿电缆桥架敷设的电缆在其两端、拐弯处、交叉处应挂标识牌，直线段每间隔20m增设标识牌。标识牌规格应一致，并有防腐性能，挂设应牢固。标识牌上应注明电缆编号、规格、型号、电压等级及起始位置。

（2）设备接线

电动机安装前应检查是否完好，不应有损伤现象。电动机安装应由电工、钳工操作，大型电动机的安装需要搬运和吊装时应有起重工配合。

引至电动机接线盒的导线应加强绝缘，易受机械损伤的地方应套保护管。电动机及其控制设备引出线应压接牢固，且编号齐全，接线前应对电机绕组进行绝缘测试。电动机安装后，应做数圈人力转动试验。电机外壳保护接地必须良好。

电机接线方法示意见表3-11。

电机接线示意图表　　　　　表3-11

项目	示意图	说明
电机接线	 电机接线　　单位：mm	1-电机；2-保护软管；3-防水弯头；4-钢管

（3）绝缘测试

设备未安装进行线路绝缘测试时，应将干线和支线分开，测试时应及时记录。设备全部安装送电前进行测试时，应先将线路的开关、仪表、设备等全部置于断开位置，绝缘测试无误后再进行送电试运行。绝缘电阻值应符合规范和设计要求。

（4）通电试运行

灯具安装完毕且各照明支路的绝缘电阻测试合格后进行试运行。照明线路通电后应仔细检查和巡视，检查灯具的控制是否灵活、准确。开关位置应与控制灯位相对应，如果发现问题必须先断电，然后查找原因进行调整。

（5）接地电阻测试

所有需要接地的设备，如变压器中性点、保护接地、防雷设施、消防设施、通信设施共用同一接地装置，即以建筑物基础作为接地装置，形成综合接地体；施工后进行实测，采用符合IEC781的三线测试法，方法详见表3-12。

接地电阻测试示意　　　　　表3-12

方法说明	示意图
a. 实测或检查接地电阻测试记录，观察检查或检查安装记录。 b. 测量3次，再取平均值，即 $R=(R_1+R_2+R_3)/3$	 E、ES-接待测接地网（被测接地极） S-接电压探测针（接探测电极） H-电流探测针（辅助地极） 注：此为电阻测试上的标识，不同品牌规格型号电阻测试仪标识字母不同。

（6）防雷接地系统安装

宜采用TN-S接地系统，变压器的中性点接地、电气设备的保护接地、弱电系统接地、防雷接地等共用接地装置。利用基础钢筋网作为自然接地装置，将管廊结构底板上下各两层各两根主钢筋焊接形成环形自然接地装置。主管廊内部沿管廊两侧各明敷一根热镀锌扁钢作为接地干线，接地干线采用焊接搭接，不得采用螺栓搭接。管廊内的接地系统应形成环形接地网，一般规定要求接地阻值$R \leqslant 1\Omega$。

接地干线在结构变形缝两侧及每隔不大于20m（或者根据设计图纸要求）与自然接地装置焊接连通并在管廊外侧预留人工接地条件，在管廊内侧根据设计要求，在设计无要求时应距地0.5m及管廊外侧距顶板下0.5m分别预埋热镀锌钢板，通过镀锌扁钢相互焊接连通并与结构钢筋焊接连通。

综合管廊内的金属构件、电缆金属保护皮、电缆支架、金属管道等所有正常不带电金属导体和电气设备金属外壳均可靠接地，防止杂散电流对管廊内部机电设备及管廊主体造成破坏。

3）照明系统安装

（1）电线导管安装

①施工工艺流程

如图3-28所示。

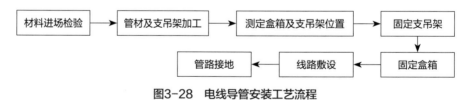

图3-28　电线导管安装工艺流程

②管材及支吊架加工

管道切割：选用钢锯或砂轮切割机切管，切管的长度要测量准确，管子断口处应平齐不歪斜，将管口上的毛刺用半圆锉处理光滑，再将管内的铁屑处理干净。

管道套丝：采用套丝板、套丝机，根据外管径选择相应的板牙，将管子用台虎钳或压力钳固定，再把绞板套在管端，先慢慢用力，套上扣后再均匀用力，套扣过程中及时用毛刷涂抹机油，保证四口完整不断扣、乱扣，用套管机套丝时，应注意随套随浇冷却液。管径在20mm及以下时，应分成二板套成，管径在25mm及以上时，应分成三板套成。

管道弯曲：大于DN25的钢管宜采用液压折弯机弯制，DN25以下钢管采用手动弯管机弯制。钢管弯曲处不能出现凹凸和裂缝。

支吊架制作：应符合设计及规范要求，其规格及加工尺寸应符合设计图样及标准图集规定。

③测定盒箱位置

根据设计图样要求确定盒、箱轴线位置，以土建弹出的水平线为基准，挂线找平，线坠找正，标出盒箱位置。

④支吊架固定

固定点的间距应均匀，固定点与终端、转弯中点、电气器具或接线盒边缘的距离为300mm，固定点之间的最大距离应满足规范要求。

根据测定盒（箱）位置，弹出管路的垂直、水平方向线，按照规范规定固定点间距，确定支架、吊架的具体位置。

⑤固定盒箱

暗配管：固定盒（箱）要求平整牢固，坐标正确。

明配管：在近盒（箱）100~150mm处加稳固支架，将管固定在支架上，盒（箱）安装应牢固平整，开孔整齐并与管径相吻合。

⑥线路敷设

线路敷设应牢固通顺，禁止用拦腰管或拌脚管。管路固定点的间距应满足设计或规范要求，设计及规范无要求时应不得大于1500mm。受力灯头盒应用吊杆固定，在管入盒处及弯曲部位两端150~300mm处加固定卡子固定，固定卡子应作防腐处理。

⑦管路接地

镀锌钢管管路连接必须采用通丝管箍，管口在管箍中间对正，外露2~3扣，并用接地卡子将地线刷锡进行连接。

穿过变形缝处有补偿装置，补偿装置应平整，活动自如，接口光滑，螺纹管接头与管子连接可靠。金属软管中间不得有接头，与设备器具相连时，采用专用接头，连接处应密封可靠，并带非金属护口。

（2）管内穿线

①管内穿线施工工艺流程

如图3-29所示。

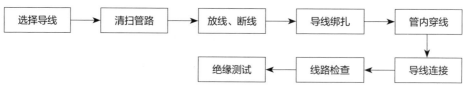

图3-29 管内穿线施工工艺流程

②导线选择

根据设计图样及规范选择导线。相线、零线及保护地线的颜色应加以区分，用黄绿双色的导线做保护底线，淡蓝色为工作零线。黄、绿、红为相线，开关控制线使用白色线。

③清扫管路

将布条的两端牢固绑扎在带线上，从管的一端拉向另一端，以将管内杂物及泥水除尽。

④放线、断线

放线前应根据施工图样核对导线的规格、型号，并用对应电压等级的兆欧表进行通断测试。剪短导线时，应按照规范要求的长度预留导线。

⑤导线绑扎

当导线根数较少时，可将导线的绝缘层削去，然后将纤芯与带线绑扎牢固，使绑扎处形成一个平滑的锥形过渡部位。

当导线根数较多，或导线截面较大时，可将导线前端绝缘层削去，然后将线芯错位排列在带线上，用绑线绑扎牢固，不要将线头做得太大，应使绑扎接头处形成一个平滑的锥形，减少穿管时的阻力，以便于穿线。

⑥管内穿线

电线管在穿线前，应首先检查各个管口的护口，保证护口齐全完整。当管路较长或转弯较多时，在穿线前向管内吹入适量的滑石粉。穿线时，两端的工人应协调配合。

⑦导线连接

建议采用导线连接器连接导线。

⑧线路检查

穿线后，应按规范进行自检互检，检查导线的规格和根数，不符合规定时应及时纠正，检查无误后再进行绝缘测试。

⑨绝缘测试

电气器具未安装前进行线路绝缘测试时，首先将灯头和内导线分开，将开关盒内导线连通。测试应将干线和支线分开，测试时应及时记录。

设备全部安装进行送电前测试时，应先将线路的开关、仪表、设备等全部置于断开位置，绝缘测试无误后再进行送电试运行。绝缘电阻值应符合规范和设计要求。

（4）灯具安装

①灯具安装施工工艺流程

详见图3-30。

图3-30　灯具安装工艺流程

②灯具检查

灯具进场后，必须对灯具进行严格的检查验收。检查灯具是否符合设计的技术要求；检查灯具的外观，涂层是否完整，有无损伤，附件是否齐全；检查灯具的合格证等证件是否齐全；对灯具的绝缘电阻、内部接线等性能进行现场抽样检测。

③灯具组装

组装灯具的灯体和灯架，根据灯具的接线图正确连接灯具的电源线及控制线，灯具内的导线应在端子板上压接牢固。

④灯具安装

在安装前应熟悉灯具的形式及连接构造，以便确定支架的安装位置和嵌入开口位置的大小。安装嵌入式日光灯具时，应对设计图样中不同区域的灯具形式编号，加以标注。

灯具的电源线不能贴在灯具外壳上，灯线应留有余量，灯罩的边框应压住罩面板或遮盖面板的板缝，并紧贴顶棚面板。

疏散指示灯具的安装。在疏散指示灯订货前应对厂家进行技术交底，包括统计疏散指示灯的面板样式、面板上箭头的方向，避免供货出错。在出入口、逃生口、防火分隔门上方需安装安全出口标志灯。在管廊内安装疏散指示标志灯，安装在高度距地坪小于1m的侧墙上，如果有遮挡，在人员通道两侧采用支架或者在管道支墩上安装。遮盖面板的板缝，并应与顶板贴紧。

⑤通电试运行

灯具通电试运行需在灯具安装完毕，且各照明支路的绝缘电阻测试合格后进行。照明线路通电后应仔细检查和巡视，检查灯具的控制是否灵活、准确。开关位置应与控制等位相对应，如果发现问题必须先断电，然后查找原因进行调整。

3.6.4 压力排水系统

管廊内应设置自动排水系统。排水区间长度不宜大于200m。综合管廊的低点应设置集水坑和自动水位排水泵。综合管廊的底板宜设置排水明沟，并应通过排水明沟将综合管廊内的积水汇入集水坑，排水明沟的坡度不应小于0.2%。综合管廊的排水应就近接入城市排水系统，并应设置逆止阀。综合管廊排出的废水温度不应高于40℃。

1）系统分类和组成

综合管廊内的排水系统主要满足排出综合管廊的结构渗漏水、管道检修放空水的要求，未考虑管道爆管或消防情况下的排水要求。

为了将水流尽快汇集至集水坑，综合管廊内采用有组织的排水系统。一般在综合管廊的单侧或双侧设置排水明沟，综合考虑道路的纵坡设计和综合管廊埋深。

在综合管廊每个防火分区最低处设置一处集水井，每个集水坑内设置两台潜水泵，一用一备，管廊中积水通过排水沟排入集水坑，然后通过潜水泵抽至距离集水坑最近的雨水口，雨水口应具有消能功能。

潜水泵规格型号由设计确定，如设计无规定时通常选用流量20m/h、扬程不小于15m的潜水泵，水泵设置自启动装置，在集水井处设置液位控制装置，当集水井内液位达到一定高度时，水泵自动启动，将集水井内积水通过管道从综合管廊构体内引出，排入雨水口。为了防止入廊管线中的自来水管道、再生水管道、热力管道发生意外情况造成综合管廊内大面积积水，综合管廊如有上述管道时，宜设其他大流量的潜水泵，同时设置防止水患的报警装置，在综合管廊内每个防火分区内设置液位信号计，当综合管廊内的水位达到这一警戒水位时，立即发信号给控制中心，同时开启备用水泵，将管廊内的积水及时排出。

综合管廊内的压力排水管道，如设计无要求时一般采用镀锌钢管，采用沟槽连接。

2）压力排水的安装方法

（1）潜水泵安装

工艺流程如图3-31所示。

图3-31 潜水泵安装工艺流程

①安装前的准备

检查设备的规格、性能是否符合图样的要求，以及说明书、合格证和试验报告是否齐全。

检查设备外表是否受损，零部件是否齐全完好。

复测土建工程市场数据是否与设备相符，以及检查预留孔是否符合安装要求。

②定位

复核水泵安装基准线与设计轴线，水泵安装平面位置、标高与设计平面的位置、标高的允许偏差，须符合规范要求。

③弯座地脚螺栓和垫铁

地脚螺栓：应垂直，螺母应拧紧，扭力矩应均匀，螺母与垫圈、垫圈与底座接触应紧密。

垫铁：垫铁组应放置平稳，位置合适，接触紧密，每组的块数不应超过3块，找平后电焊焊牢，经检查后进行2次灌浆。

④水泵安装

弯座下法兰（进水法兰）垂直度允许偏差不得大于1/1000。

弯座上法兰（出水法兰）横向水平度允许偏差不得大于1/1000。

水泵出水口中心与弯座下法兰中心允许偏差不得大于5mm。

叶轮外缘与泵壳之间的径向间隙应符合产品技术要求，间隙应均匀，最小间隙不应小于技术文件规定的40%。

出水管道、弯管、过墙管等管道连接应整齐。法兰联结应紧密无隙，螺栓长度以超出螺母1~5牙为好。

电缆安装应整齐、牢固、长度适宜，不得有晃动，电缆外表不得有裂痕、机械损伤。

卡爪与水泵出水法兰连接应按厂方规定的力矩拧紧，连接必须牢固。

水泵导杆应按厂方规定安装，应牢固，水泵导杆安装的圆锥度偏差不得大于50或直线度不大于1/1000，全长不大于5mm。

电缆绝缘电阻不得小于5MΩ。如果小于5MΩ，则必须单独检查电缆与电机。

导杆的安装与调整应确保水泵能顺利地吊上和装入，做到升降灵活，无卡死现象。

水泵安装以后，将水泵吊移到地面并装入池内1~2次，应灵活可靠，定位正确。

⑤水泵试运转

查阅安装质量记录，各项技术指标应齐全，并符合要求。

点动检查水泵的运转方向是否正确，与泵体标注的方向是否一致。确定准确无误后，方可带负荷运转。开泵连续运转2h，必须达到下列要求：

各法兰连接处不得有泄漏，螺栓不得有松动。

电机电流不应超过额定值，三相电流应平衡。

水泵运转应平稳、无异常声音。

水泵、弯座、管道无较大的振动。

电机绕组与轴承温升应正常，热保护监测装置不应动作。

水不得渗入电机内，湿度监测装置不应动作。

潜水泵的机械密封性应完好，打开排放塞子，泄漏腔内应无渗漏水排出。

（2）管道连接

连接安装工艺流程如图3-32所示。

图3-32 管道连接工艺流程

施工工艺在此只做部分介绍。

①沟槽加工

沟槽连接方式适用于DN80的镀锌钢管连接，沟槽式接头应符合现行国家产品标准，工作压力应与管道工作压力相匹配。

沟槽加工工艺流程如图3-33所示。

图3-33 沟槽加工工艺流程

固定压槽机：把压槽机固定在一个宽敞的水平面上，也可固定在铁板上，必须确保压槽机稳定、可靠。

检查压槽机：检查压槽机空运转时是否良好，发现异常情况应及时向机具维修人员反映，以便及时解决。

架管：把管道垂直于压槽机的驱动轮挡板水平放置，使钢管和压槽机平台在同一个水平面上，管道长度超过0.5m时，要有能调整高度的支撑尾架，且把支撑尾架固定、防止摆动。

检查压轮：检查压槽机使用的驱动轮和压轮是否与所压的管径相符。

确定沟槽深度：旋转定位螺母. 调整好压轮行程，确定沟槽深度和沟槽宽度。

压槽：操作液压手柄，使上滚轮压住钢管，然后打开电源开关，操动手压泵手柄均匀缓慢下压，每压一次手柄行程不超过0.2mm，钢管转动一周，一直压到压槽机上限位螺母到位为止，然后让机械再转动两周以上，以保证壁厚均匀。

检查：检查压好的沟槽尺寸，如不符合规定，再微调，进行第二次压槽，再一次检查沟槽尺寸，以达到规定的标准尺寸。

用压槽机压槽时，管道应保持水平，且与压槽及驱动轮挡板成90°，压槽时应保持循序渐进。镀锌钢管沟槽标准深度及公差满足规范要求。

②清理

沟槽加工完成后及时清理管口，清除管道内部杂物，防止污染，采用塑料薄膜或者专用管口保护套对管口进行保护。

③防腐

一般由管材供应厂家或者防腐厂家进行防腐施工。

④接管

镀锌钢管沟槽连接优先采用成品沟槽式封塑管件。

⑤检查

采用机械截管，截面应垂直轴心，允许偏差，管径不大于100mm时，偏差不大于1mm；管径大于125mm时，偏差不大于1.5mm。安装沟槽式卡箍管件前，检查卡格的规格和腔圈的规格标识是否一致，检查被连接的管道端部，不允许有裂纹、轴向转纹和毛刺，安装胶圈前，还应除去管端密封处的混沙和污物。

（3）沟槽连接

沟槽连接施工工艺如图3-34所示。

图3-34 沟槽连接工艺流程

①上橡胶垫圈

将密封橡胶圈套入一根钢管的密封部位，注意不得损坏密封橡胶圈。

②管道连接

将一根加工好的管道与该管对齐，两根管道之间留有一定间隙，移动胶圈，调整胶圈位置，使胶圈与两侧钢管的沟槽距离相等。

③涂润滑剂

在管道端部和橡胶圈上涂上配套润滑剂。

④安装卡箍

将卡箍上、下紧扣在密封橡胶圈上，并确保卡箍凸边卡进沟槽内。

⑤拧紧螺母

用手压紧上下卡箍的耳部，使上下卡箍靠紧并穿入螺栓，螺栓的根部椭圆颈进入椭圆孔，用扳手左右同步拧紧螺母，确认卡箍凸边全圆周卡进沟槽内。

⑥检查

检查上下卡箍的合面是否靠紧，确认不存在间隙。

（4）机械三通安装

镀锌钢管安装机械三通，需要在管道上开孔，开孔必须使用专用的开孔机，不允许使用气割开孔，开孔后必须做好开孔断面的防锈处理。

开孔工艺流程如图3-35所示。

图3-35　管道开孔工艺流程

①开孔位置画线

根据施工现场测量、定位，在需要开孔的部位用画线器准确地做出标志。

②固定管道与开孔机

用链条将开孔机固定于管道预定开孔位置处，用水平尺调整管道至水平。

③开孔

启动电机转动钻头，操作设置在支柱顶部的手轮，缓慢地下压转动手轮，完成钻头在钢管上的开孔作业。

④清理

清理钻落的碎片和开孔部位的残渣，用砂轮机打磨孔口的毛刺，再根据设计或规范要求刷防锈漆，并检查漆膜厚度。

⑤安装机械三通

将机械三通置于钢管孔洞上，机械三通、密封橡胶圈与孔洞间隙应保持均匀，拧紧螺栓。

3.6.5　通风系统

综合管廊一般采用自然通风与机械通风相结合的方式。系统由自然通风系统与机械排风系统组成。自然进风系统设置自然进风口，自然进风口一般不设置风机，主要依靠自然通风换气。机械通风口设置机械排风口，通过排风口机械排风使管廊内空气达标。

通风系统通常按防火分区设计通风分区。每个防火分区为独立的通风区间。在每个防火分区的两端分别设置自然进风口和机械排风口。通风系统设备应符合节能环保要求。根据设计或施工规范要求，易燃易爆炸舱室的风机宜采用防爆风机。

通风系统一般设置三种工况：日常通风、事故通风、巡检通风。

通风系统的设备主要包括：通风机、风阀及风管、通风口。风机通常采用耐高温双数立式轴流风机、耐高温屋顶风机。风阀通常包括电动防火阀、电动风阀、止回阀、排烟阀等。通风口通常采用防雨型百叶窗并加设防止小动物进入的金属网格。

1）风管制作及安装

风管的材质一般为镀锌钢板。

（1）角钢法兰的制作及安装

角钢法兰制作好后，开始与风管组合，成形时应满足以下要求，详见表3-13。

通风设备单机试运转内容表　单位：mm　　　　表3-13

序号	风管外径或外边长	允许偏差	法兰内径或内边长允许偏差	平面度允许偏差	两对角线之差
1	≤300	-1~0	+1~+3	2	<3
2	≥300	-2~0	+1~+3	2	<3

风管与法兰铆接前先进行以上技术质量复核，复核合格后再将法兰套于风管上，使风管折边线与法兰平面垂直；然后使用液压铆钉钳将风管铆固。铆接时不应有脱铆和漏铆的现象，铆完后将四周翻边，翻边应平整，且不应小于6mm。

（2）风管的严密性检测

检测风管严密性的方法为漏风量检验。漏风量试验方法如下：

将风管两端的开口部位用法兰盲板封堵并开孔，利用试验风机向风管内鼓风，调节变频器频率，使管内静压上升到设计工作压力并保持，此时该进风量即等于漏风量。

通过漏风量装置上的仪表读出漏风量，并做好记录。然后与检验标准进行比较，低于标准要求则合格，大于标准要求则不合格。

2）风管支、吊架制作及安装

按设计要求并参照土建基准线找出风管标高，确定风管所在的空间位置及支吊架形式，并按照标准的用料规格和做法制作。

3）风口安装

要求风口的外表装饰面平整、叶片或扩散环的分布匀称、颜色一致、无明显划伤和压痕；调节装置转动灵活、可靠，定位后无明显自由松动。

要求风口与风管的连接严密、牢固，与装饰面紧贴；表面平整、不变形，调节灵活、可靠。

4）风阀安装

要求电动风阀、防火阀、止回阀、排烟阀等安装方向正确，安装后的手动或电动操作装置灵活、可靠，阀门关闭时保持严密。安装在高处的风阀，其操纵装置应距地面或平台1~1.5m。手动调节风阀的叶片的搭接要贴合一致，与阀体缝隙小于2mm。

防火阀安装要注意方向，易熔件迎向气流方向，安装后进行动作试验，阀板开关要灵活、动作可靠。安装防火阀（风管穿越防火分区）时，熔断器在阀门入气口，距墙表面不大于200mm。防火阀直径或边长不小于630mm时，两侧设置独立支、吊架。安装后进行动作试验，手动、电动操作要灵敏可靠，阀板关闭严密。

5）风机安装

工艺流程详见图3-36。

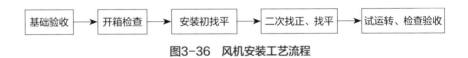

图3-36 风机安装工艺流程

（1）基础验收

安装前应根据设计图纸及风机实物对设备基础进行检查，应符合尺寸要求。特别注意检查风机主体与机电基础标高是否协调。

风机安装前应将基础表面清理干净，使二次浇注混凝土或水泥砂浆能与基础紧密结合。

（2）开箱检查

风机设备开箱检查，应按设备清单核对叶轮、机壳等部位的尺寸，检查进、出风口的位置、方向是否符合设计要求，做好检查记录。轮叶旋转方向应符合设备技术文件的规定。

进、出口应有盖板严密遮盖，检查各扇叶面、机壳的防锈情况和转子是否发生变形或锈蚀，碰损等，逐台进行通电试验检查，机械部分不得摩擦，电气部分不得漏电。

风机设备安装前，应将轴承、传动部位及调节机构进行拆卸、清洗，装配后使其传动、调节灵活。

风机设备搬运应由专业起重工人指挥，使用的工具及绳索必须符合安全要求。

风机设备安装就位前，按设计图样并依据建筑物的轴线、边缘线及标高线放出安装基准线。清除设备基础表面的油污、泥土、杂物以及地脚螺栓预留孔内的杂物。

整体安装的风机，搬运和吊装的绳索不得捆绑在转子和机壳或轴承盖的吊环上。

（3）安装初找平

风机吊装可根据设备重量选用通丝螺杆，按实际情况调整标高和水平度。吊装支架安装牢固，位置正确，吊杆不应自由摆动，吊杆与风机相连应用双螺母紧固找平、找正。

（4）二次找正、找平

整体安装的风机吊装时直接放置在基础上，用垫铁找平、找正，垫铁一般应放在地脚螺栓两侧。设备安装好后同一组垫铁应点焊在一起，以免受力时松动。

风机安装在无减震器支架上，应垫上4～5mm厚的橡胶板，找平、找正后固定牢。

风机安装在有减震器的机座上时，地面要平整，各组减震器承受的荷载压缩量应均匀，不偏心，安装后采取保护措施，防止损坏。

通风机的机轴必须保持水平度，风机与电动机用联轴节连接时，两轴中心线应在同一直线上。

通风机出口的接出风管应顺叶轮旋转向接出弯管。在现场条件允许的情况下，应保证出口至弯管的距离大于或等于风口出口长边尺寸1.5～2.5倍。如果受现场条件所限达不到要求，应在弯管内设导流叶片弥补。

对于射流风机，在安装之前做支撑结构的荷载试验，支撑射流风机的结构强度应满足设计要求。

屋顶风机、射流风机安装注意事项如下。

①屋顶风机安装注意事项：设备安装时，应对设备基础进行设计校核，并复核设备基础尺寸；膨胀螺栓、地脚螺栓均应满足设计或规范要求，可承受动荷载。

②射流风机安装注意事项：安装前检查预埋件的数量、位置是否符合设计及安装要求。预埋件的偏差应不大于风机安装的允许偏差。安装前将风机的连接附件焊接在预埋件上，并加载荷，做预埋件的抗拉拔力实验。风机安装完工后，进

行以下项目的机械完工检查：

风机安装位置正确。各连接面接触良好，安装连接件可靠、无松动。

各零部件与其安装底座接触紧密，紧固件受力均匀。

风机各部件，纵、横向水平度的允许偏差达到有关规范要求。

电气设备及电缆线绝缘良好，接地符合有关规范要求。

风机启动时，用量程为0～500A钳形电流表测量电动机的启动电流，待电机正常运转后再测量电动机的运转电流。

（5）试运转、检查验收

①试车准备

检查安装记录，确认安装数据正确。盘车灵活，不得偏重，无卡塞现象。防护装置安装得齐全牢固。电击单机试运转，并确定旋转方向正确。

②试车

启动风机，检查风机旋转方向是否正确。风机运转应平稳、无异常。检查电机电流是否在规定范围。正常运行1h后，检查减速机油温，应不超过80℃，温升不超过40℃。检查风机振动，振动不超过设计和规范要求。

试车过程中，检查各部安装位置是否移动，检查各紧固件是否松动，检查各密封处是否有漏油现象。

③验收

经过连续负荷运行24h，各项技术指标均达到设计要求或能满足生产需要。设备达到完好标准。安装记录齐全、准确。

3.6.6　消防弱电系统

1）线缆敷设安装、测试

（1）电缆敷设

敷设前要核对所敷设电缆的型号、规格，摇测合格后方可敷设。

电缆敷设时不宜交叉，弯曲半径不小于外径的10倍，装设标识牌。

电缆头和中间头制作应严格遵守工艺规程。

电缆敷设时严禁绞拧，不得有表面划伤。

电缆沿桥架敷设时，一定要考虑桥架上敷设最大截面电缆的弯曲半径的要求。

（2）管内穿线缆

配管报验合格后，进行扫管。

做好成品保护，管路护口齐全，箱盒及导线不应破损及被灰、浆污染。

穿线后线管内不得有积水及潮气浸入，必须保证导线绝缘电阻值符合规范要求。

导线在变形缝处，留有一定的余度。

考虑导线（电缆）截面大小、根数多少，将导线（缆）与带线进行绑扎，绑扎处应做成平滑锥形，便于穿线。

穿线前应核实护口是否齐全，管路较长、转弯较多时，要在管内吹入适量滑石粉。

穿线完毕后，应用摇表测线路，结果应满足规范要求。

2）火灾报警设备的安装、调试

（1）自动报警设备安装、调试

火灾自动报警系统的施工应按设计图进行，不得随意更改。布线应根据现行国家标准《火灾自动报警系统设计规范》的规定，对导线的种类、电压等级进行检查。导线敷设后，应对每回路的导线测量绝缘电阻，其对地绝缘电阻值须满足规范要求。

探测器的安装位置应符合下列规定：

探测器至墙壁、梁边的水平距离不应小于0.5m。

探测器周围0.5m内不应有遮挡物。

探测器至空调送风口边的水平距离不应小于1.5m，至多孔送风顶棚孔口的水平距离不应小于0.5m。

在宽度小于3m的内走道顶棚上设置探测器时宜居中布置，感温探测器的安装间距不应超过10m，感烟探测器的安装间距不应超过15m。探测器距端墙的距离不应大于探测器安装间距的一半。

探测器宜水平安装，如必须倾斜安装时，倾斜角不应大于45°。探测器的"＋"线应为红色，"－"线应为蓝色，其余线应根据不同用途采用其他颜色区分。探测器的确认灯应面向便于人员观察的入口方向。探测器在即将调试时方可安装，在安装前应妥善保管，并应采取防尘、防潮、防腐蚀措施。

（2）手动火灾报警按钮的安装

手动火灾报警按钮安装在墙上，距管廊地面高度宜为1.3~1.5m。

手动火灾报警按钮应安装牢固并不得倾斜。

手动火灾报警按钮的外接导线应留有不小于100mm的余量，端部应有明显编号及标识。

每个防火分区应至少设置一个手动报警按钮，从防火分区内的任何位置到最近一个手动报警按钮的步行距离不应大于30m。

（3）火灾报警控制器的安装

火灾报警控制器落地安装时，其底部宜高出地坪10~20mm。

控制器靠近其门轴的侧面距离不应小于0.5m，正面操作距离不应小于1.2m。落地安装时柜下面应有进出线地沟。如果需要从后面检修，柜后面板距离墙面应不小于1m。

控制器的正面操作距离：当设备单列布置时不应小于1.5m，双列布置时不应小于2m。在值班人员经常工作的一面，控制盘前距离不应小于3m。

控制器应安装牢固，不得倾斜。安装在轻质墙上时应采取加固措施。

控制器的主电源引入线应直接与消防电源连接，严禁使用电源插头，主电源应有明显标识。

控制器应接地牢固并有明显标识。

（4）报警系统的单体调试

报警系统的单体调试应在消防设施基本安装好后进行。单体调试前应检查设备的安装质量（安装位置、牢固度），每一个报警点和联动点都应编码并在图纸上标注编码号，进行逐点调试，对于调试中发现的问题应及时解决，要记录调试状况，保证各个探测点和联动点输入及输出信号准确无误。单体调试全部通过后，准备联动调试。

报警控制系统调试应进行下列功能检查：

火灾报警自检功能：切断受其控制的外接设备进行自检，自检期间如有非自检回路的火灾报警信号输入，应能发出火灾报警声光信号。

消声、复位功能：能直接或间接接收火灾报警信号，声音信号应能手动消除，但再次有火灾报警信号输入时应能再启动。

故障报警功能：各部件间及打印机连接线断线、短路、接地、控制器故障、主电源欠压等均应能在100s内发出与火灾报警信号有明显区别的声光故障信号。

火灾优先功能：当火灾报警控制器内（或由其控制进行）在进行查询、中断、判断及数据处理等操作时，对接受火灾报警信号的延时不应超过10s。

报警记忆功能：接受火灾报警信号后发出声、光报警信号，指示火灾发生部位并保持，光信号在火灾报警控制器复位前应不能手动消除，并装有显示或记录火灾报警时间的计时装置，显示月、日、时、分等信息。

电源自动转换和备用电源的自动充电功能：主备电源应能自动切换，当主电源断电时能自动转换到备用电源，当主电源恢复时能自动转换到主电源，并应有工作状态指示。

3）消防电源监控系统设备的安装、调试

（1）监控器的安装

监控器在墙上安装时，其底边距地面高度宜为1.3~1.5m，其靠近门轴的侧面距墙不应小于0.5m，正面操作距离不应小于1.2m。

落地安装时，其底边宜高出地面0.1~0.2m。且满足以下要求：

设备面盘前的操作距离：单列布置时不应小于1.5m，双列布置时不应小于2m。

在值班人员经常工作的一面，设备面盘至墙的距离不应小于3m。

设备面盘后的维修距离不宜小于1m。

设备面盘的排列长度大于4m时，其两端应设置宽度不小于1m的通道。

监控器应安装牢固，不得倾斜。安装在轻质墙上时，应采取加固措施。

引入监控器的电缆或导线，应符合下列要求：

配线应整齐，避免交叉，并应固定牢靠。

电缆芯线和所配导线的端部，均应标明编号，并与图纸一致，字迹清晰不易褪色。

端子板（或排）的每个接线端子，接线不应超过2根；电缆芯和导线，应留有小于200mm的余量；导线应绑扎成束；导线引入线穿管后，在进线管处应封堵。

监控器的主电源引入线严禁使用电源插头，应直接与消防电源连接；主电源应有明显的永久标识。

监控器内部不同电压等级、不同电流类别、不同功能的端子应分开，并有明显标识。

监控器的接地（PE）线应牢固，并有明显永久标识。

（2）传感器的安装

传感器安装应充分考虑供电方式、供电电压等级。

传感器与裸带电导体应保证安全距离，金属外壳的传感器应有安全接地。

禁止在不切断电源的情况下安装传感器。

同一区域内的传感器宜集中安装在传感器箱内，放置在配电箱附近，并预留与配电箱连接的接线端子。

传感器（或金属箱）应独立支撑或固定，安装牢固，并应采取防潮、防腐蚀等措施。

传感器的输出回路的连接线，应使用截面积不小于1.0mm²的双绞铜芯导线，并应留有不小于150mm的余量，其端部应有明显标识。

当不具备单独安装条件时，传感器亦可安装在配电箱内，但不能对供电主回路产生影响，应尽量保持一定距离，并有明显标识。

传感器的安装不应破坏被监控线路的完整性，不应增加线路接点。

（3）系统接地

交流供电和36V以上直流供电的消防用电设备的金属外壳应有接地保护，其接地线应与电气保护接地干线（PE）相连接。

接地装置施工完毕后，应按规定测量接地电阻，并作记录。

（4）调试

消防设备电源监控系统安装完毕、系统通电后，按照《消防设备电源监控系统》GB 28184分别对传感器和监控设备逐个进行单机通电功能检查，应按现行国家标准的有关要求对监控设备进行监控报警功能、控制输出功能、故障报警功能、自检功能、电源功能检查。其主电源和备用电源，容量应分别符合现行有关国家标准和使用说明书的要求。在备用电源连续充放电3次后，主电源和备电源应能自动切换。功能正常后，监控系统可进行正常调试，待监控系统在连续运行12h无故障后，填写系统调试表。调试完成后应有详细监控点的报警值参数设置记录、相应监控点的地址及对应安装位置信息记录。

4）电气火灾监控系统设备的安装、调试

（1）安装的一般规定

电气火灾监控系统的安装应符合相关国家标准的要求。

电气火灾监控系统必须由专业人员安装。

探测器安装应充分考虑供电方式、供电电压、系统接地形式及监控方式。

建筑物产权所有者应建立保存系统内每个探测器的安装及试验记录。

探测器与裸带电导体应保证安全距离，金属外壳探测器应有安全接地。

禁止在不切断电源的情况下安装探测器。

探测器的输出回路的连接线，应使用截面积不小于1.0mm²的双绞铜芯导线。

探测器的安装不应破坏被监控线路的完整性，不应增加线路接点。

（2）电气火灾监控设备的安装

电气火灾监控设备在墙上安装时，其底边距地面高度宜为1.3~1.5m，其靠近门轴的侧面距墙不应小于0.5m，正面操作距离不应小于1.2m；落地安装时，其底边宜高出地面0.1~0.2m。

电气火灾监控设备应安装牢固，不得倾斜。安装在轻质墙上时，应采取加固措施。

引入电气火灾监控设备的电缆或导线，应符合下列要求：

配线应整齐，避免交叉，并应固定牢靠。

电缆芯线和所配导线的端部，均应标明编号，并与图纸一致，字迹清晰不易褪色。

端子板（或排）的每个接线端，接线不应超过2根；电缆芯和导线，应留有小于200mm的余量；导线应绑扎成束；导线引入线穿管后，进线管处应封堵。

电气火灾监控设备的主电源引入线严禁使用电源插头，主电源应有明显标识。

电气火灾监控设备的接地（PE）线应牢固，并有明显标识。

电气火灾监控设备内部不同电压等级、不同电流类别、不同功能的端子应分开，并有明显标识。

（3）剩余电流式电气火灾监控探测器的安装

在安装剩余电流式电气火灾监控探测器前，应测量其监控线路的固有泄漏电流。

剩余电流式电气火灾监控探测器在采取不同的系统接地形式时应满足设计及探测器说明书要求。

剩余电流式电气火灾监控探测器负载侧的N线（即穿过探测器的工作零线）只能作为该路供电的中性线，不得与其他回路共用，且不能重复接地（即不能与PE线相连）；必须严格区分N线和PE线，三相四线制的供电电路工作零线应进入（穿入）探测器，PE线不能进入探测器。严禁将工作零线（中性线）作为PE线使用，也严禁将PE线作为工作零线使用。

（4）安装测温式电气火灾监控探测器

测温式电气火灾监控探测器采用接触式安装时应用专用的固定件固定。

红外测温式电气火灾监控探测器应固定在不可移动的物体上，并与监控对象保持安全距离。线型感温火灾探测器在采用非接触安装时，距离监控对象的间距不宜大于10cm。

（5）调试的一般规定

电气火灾监控系统的调试，应在施工结束后进行。

在调试前应具备调试必需的技术文件。

调试单位在调试前应编制调试程序，并按程序调试。

调试负责人必须由专业技术人员担任。

调试完成后，应有详细监控点的报警值参数设置记录、相应监控点的地址及对应安装位置信息记录。

（6）电气火灾监控系统调试

电气火灾监控系统调试，应先分别对探测器和监控设备逐个进行单机通电检查，正常后方可进行系统调试。

电气火灾监控系统通电后，应按现行国家标准的有关要求对监控设备进行下列功能检查：

监控报警功能、控制输出功能、故障报警功能、自检功能、电源功能。

检查监控设备的主电源和备用电源，其容量应分别符合现行有关国家标准和使用说明书的要求，在备用电源连续充放电3次后，主电源和备电源应能自动切换。

应采用专用的检查仪器（剩余电流发生器和温度发生端）对探测器逐个进行试验。

应分别用主电和备用电源供电，检查系统的各项功能。

系统在连续运行12h无故障后，按时填写系统调试报告。

电气火灾监控系统验收一般规定：

电气火灾监控系统竣工后，建设单位应负责组织施工、设计、监理等单位进行验收，验收合格方可投入使用。

应对系统内所有装置（包括剩余电流式电气火灾监控探测器、测温式电气火灾监控探测器、监控设备等）进行验收。

系统验收文件应包括系统竣工表，系统竣工图，施工记录（包括隐蔽工程验收记录），系统调试报告，管理、维护人员登记表，检测报告。

5）防火门监控系统设备的安装、调试

（1）监控器的安装

监控器壁挂安装时，其底边距地面高度宜为1.3~1.5m，其靠近门轴的侧面距墙不应小于0.5m，正面操作距离不应小于1.2m；落地安装时，其底边宜高出地面0.1~0.2m。

引入监控器的电缆或导线，电缆芯线和所配导线的端部均应标明编号，并与图纸一致，字迹清晰不易褪色。

（2）防火门控制器的安装

控制器输出回路的连接线，应使用截面积不小于1.0mm²的耐火铜芯导线，并应留有不小于150mm的余量，其端部应有明显标识。

控制器应设置在防火门内侧墙面上，距门不宜超过0.5m，底边距地面高度宜为0.9~1.3m。

（3）系统接地

系统接地的设计参照现行国家标准《火灾自动报警系统设计规范》GB 50116。

（4）调试

系统的调试应由建设（监理）单位组织，施工单位具体实施。应在施工安装结束且质量验收合格后进行，准备如下材料：

①系统图、平面图。

②变更设计部分的实际施工图、变更设计的证明文件。

③施工过程检查记录、调试记录。

④设备的使用说明书、产品检验报告、合格证及相关材料。

调试时首先应做以下工作：

①对设备的规格、型号、数量、备品备件等按设计要求查验。

②系统线路出现错线、开路、虚焊、短路、绝缘电阻小于20MΩ等问题时，应检查原因，并采取相应的处理措施。

3.6.7　监控报警及智能管控系统

1）系统概述

综合管廊监控报警系统应符合《安全防范工程技术标准》GB 50348、《入侵报警系统工程设计规范》GB 50394、《视频安防监控系统工程设计规范》GB 50395、《城市综合管廊工程技术规范》GB 50838等国家现行有关规范的要求。综合管廊监控与报警系统由管廊前端设备、通信网络、监控中心三部分组成。其中，前端设备包括布置在综合管廊内的检测、控制及报警设施，主要负责前端现场的数据采集和控制；通信网络承担管廊前端设备与通信中心之间的通信功能；监控中心为综合管廊监控与报警系统的业务管理和指挥中心，前端所有设备通过通信网络接入监控中心。综合管廊监控与报警系统又分为环境与设备监控系统、安全防范系统、通信系统、火灾自动报警系统、地理信息系统和统一管理信息平台等。

（1）环境与设备监控系统

应能对综合管廊内环境参数进行监测与报警。环境参数监测内容应符合表3-14的规定，含有两种及以上管线的舱室，应按较高要求的管线设置。气体报警设定值应符合国家现行标准《密闭空间作业职业危害防护规范》GBZ/T 205的有关规定。

环境监测内容　　　　　　　　　　　　　　　表3-14

舱室容纳管线类别	给水管道、再生水管道、雨水管道	污水管道	天然气管道	热力管道	电力电缆、通信线缆
温度	●	●	●	●	●
湿度	●	●	●	●	●
水位	●	●	●	●	●
氧气	●	●	●	●	●
硫化氢气体	▲	●	▲	▲	▲
沼气	▲	●	●	▲	▲

注：●为应监测，▲宜为监测。

应对通风设备、排水泵、电气设备等进行状态监测和控制，设备控制方式宜采用就地手动、就地自动和远程控制。

应设置与管廊内各类管线配套检测设备、控制执行机构连通的信号传输接口；当管线采用自成体系的专业监控系统时，应通过标准通信接口接入综合管廊监控与报警系统统一管理平台。

环境与设备监控系统设备宜采用工业级产品。

硫化氢、沼气气体探测器应设置在管廊内人员出入口和通风口处。

（2）安全防范系统

综合管廊内设备集中安装地点、人员出入口、变配电间和监控中心等场所应设置摄像机。综合管廊内沿线每个防火分区内应至少设置1台摄像机，不分防火分区的舱室，摄像机设置间距不应大于100m。

综合管廊人员出入口、通风口应设置入侵报警探测装置和声、光报警器。

综合管廊人员出入口应设置出入口控制装置。

综合管廊应设置电子巡查管理系统，宜采用离线式。

（3）通信系统

应设置固定式通信系统，电话应与监控中心接通，信号应与通信网络连通。综合管廊人员出入口或每一防火分区内应设置通信点；不分防火分区的舱室，通信点设置间距不应大于100m。

固定式电话与消防专用电话合用时，应采用独立通信系统。

除天然气管道舱，其他舱室内宜设置用于对讲通话的无线信号覆盖系统。

（4）可燃气体探测报警系统

天然气管道舱应设置可燃气体探测报警系统，应符合国家现行标准《石油化工可燃气体和有毒气体检测报警设计标准》GB 50493、《城镇燃气设计规范》GB 50028和《火灾自动报警系统设计规范》GB 50116的有关规定。

天然气报警浓度设定值（上限值）不应大于其爆炸下限值（体积分数）的20%。

天然气探测器应接入可燃气体报警控制器。

当天然气浓度超过报警浓度设定值（上限值）时，应由可燃气体报警控制器或消防联动控制器联动启动天然气舱事故段分区及相邻分区的事故通风设备。

紧急切断浓度设定值（上限值）不应大于其爆炸下限值（体积分数）的25%。

（5）地理信息系统

地理信息系统应具有综合管廊和内部各专业管线基础数据管理、图档管理、管线检修维护、数据离线维护、维修与改造管理、基础数据共享等功能。该系统应能为综合管廊报警与监控系统统一管理平台提供人机交互界面。

（6）统一管理平台

综合管廊应设置统一管理平台，并应符合下列规定：

应对监控与报警系统各组成内容进行系统集成，并应具有数据通信、信息采集和综合处理功能。

应与各专业管线配套监控系统连通。

应与各专业管线单位相关监控平台连通。

宜与城市市政基础设施地理信息系统连通或预留通信接口。

应具有可靠性、容错性、易维护性和可扩展性。

2）安装方法

（1）安装前准备

设计文件和施工图样准备齐全。

施工人员应认真熟悉施工图样及有关资料（包括工程特点）。

设备、仪器、器材、机具、工具、辅材、机械以及必要的相关物品应准备齐全。

熟悉施工现场。准备好施工现场的用电。

（2）前端设备的安装

按安装图样进行安装，安装前对所装设备进行通电检查，安装质量应符合规范要求。

（3）摄像机及支架的安装

摄像机支架的安装应该牢固。所接电源线及控制线接出端应固定，且留有一定的余量。安装高度以符合防范要求为原则。

安装摄像机前应对摄像机进行调整，使摄像机处于正常工作状态。

摄像机应该安装牢固，所留尾线以不影响摄像机的转动为宜，且尾线须有保护措施。

摄像机转动过程中尽可能避免逆光。

在搬动、安装摄像机过程中，不得打开摄像机头盖。

（4）显示器的安装

显示器应端正、平稳地安装在显示器机柜上，应有良好的通风散热环境。

避免日光或人工光源直射荧光屏。

监视器机柜（架）的背面与侧面距墙不应小于0.8m。

（5）终端控制设备的安装

设备应安装牢固，安装所用的螺钉、垫片、弹簧和垫圈等均应按要求装好，不得遗漏。

监控室内的所有引线均应根据监视器、控制设备的位置设置电缆槽和进线孔。

所有引线在与设备连接时，均要留有余量，并做永久性标识，以便维修和管理。

（6）监控系统的调试

电视监控系统的调试应在建筑物内装修和系统施工结束后进行。调试前应准备施工时的图样等资料，且要在系统调试前做好施工质量检查。

调试以前检查系统的电源和线路，确认无误后方可进行系统调试。

系统调试在单机设备调试完成后进行，按设计图样给每台摄像机编号，检查系统的联动性能，检查系统的录像质量。

在系统各项指标达到设计要求时，可将系统连续开机24h。若无异常，则调试结束。完成竣工报告。

3.6.8 标志标识系统

1）标识系统概述

综合管廊的主出入口内应设置综合管廊介绍牌，并应标明综合管廊建设时间、规模、容纳管线。

纳入综合管廊的管线，应采用符合管线管理单位要求的标识进行区分，并应标明管线属性、规格、产权单位名称、紧急联系电话。标识应设置在醒目位置，间隔距离不应大于100m。

综合管廊的设备旁边应设置设备铭牌，并应标明设备的名称、基本数据、使用方式及紧急联系电话。

综合管廊内应设置"禁烟""注意碰头""注意脚下""禁止触摸""防坠落"等警示、警告标识。

综合管廊内部应设置里程标识，交叉口处应设置方向标识。

人员出入口、逃生口、管线分支口、灭火器材设置处等部位，应设置带编号的标识。

综合管廊标识系统国家并无统一的规范标准要求，地方综合管廊标识系统对标识的要求各有差异。

2）安装方法及要求

（1）导向标识

①安全出口标识

在每个人员进出口的门梁上设置。

汉字采用"宋体"标识字体，字高80mm，字宽80mm。

标识牌的版面颜色选择绿字ral6024白底ral9011，参考ral工业国际标准色卡。

内边框线距离指示牌边缘15mm，线宽5mm。

边角必须切割成圆弧形，半径为10mm。

标识牌为单面贴膜，单面文字。

标识牌应采用不可燃、防潮、防锈类材质制作，标识牌与墙体的连接件必须是双保险，以保证结构牢固耐久。

安全出口标识参考图例如图3-37所示。

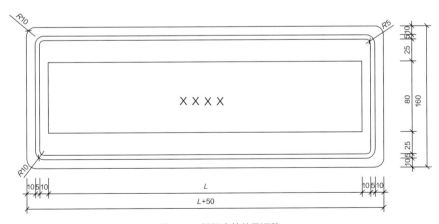

注：1. L根据字符数量调整。
　　2. R为圆弧半径。

图3-37　安全出口标识参考图例（单位：mm）

②逃生口标识

每个人防分区的逃生门旁标明逃生门标识，距地1500mm。

汉字采用"宋体"标识字体，字高80mm，字宽80mm。

标识牌的版面颜色选择绿字ral6024白底ral9011，参考ral工业国际标准色卡。

内边框线距离指示牌边缘15mm，线宽5mm。

边角必须切割成圆弧形、半径为10mm。

标识牌为单面贴膜，单面文字。

标识牌应采用不可燃、防潮、防锈类材质制作，悬挂标识牌与墙体的连接件必须是双保险，以保证结构牢固耐久。

逃生口标识参考图例如图3-38所示。

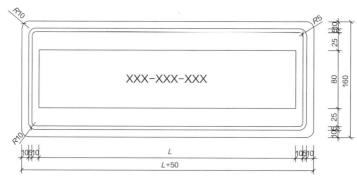

注：1. L根据字符数量调整。
    2. R为圆弧半径。

图3-38 逃生口标识参考图例（单位：mm）

③距离标识

宜吊装在距离每个人员进出口50m处的顶部中间位置。并配备指向箭头配套使用。

汉字采用"宋体"标识字体，字高80mm，字宽80mm。

标识牌的版面颜色选择绿字ral6024白底ral9011，参考ral工业国际标准色卡。

内边框线距离指示牌边缘15mm，线宽5mm。

边角必须切割成圆弧形，半径为10mm。

标识牌为单面贴膜，单面文字。

标识牌应采用不可燃、防潮、防锈类材质制作，悬挂标识牌与墙体的连接件必须是双保险，以保证结构牢固耐久。

距离标识参考图例如图3-39所示。

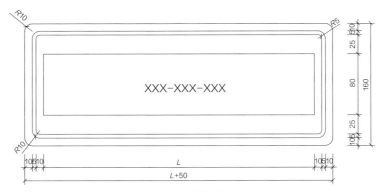

注: 1. L根据字符数量调整。
2. R为圆弧半径。

图3-39　距离标识参考图例（单位: mm）

内容应为：距出口XX米（XX表示距离）。

④楼梯标识

在每个楼梯进出口的侧墙或进出口门梁上设置楼梯标识，距地1500mm。

汉字采用"宋体"标识字体，字高80mm，字宽80mm。

标识牌的版面颜色选择绿字ral6024白底ral9011，参考ral 工业国际标准色卡。

内边框线距离指示牌边缘15mm，线宽5mm。

标识牌为单面贴膜，单面文字。

边角必须切割成圆弧形，半径为10mm。

标识牌应采用不可燃、防潮、防锈类材质制作，悬挂标识牌与墙体的连接件必须是双保险，以保证结构牢固耐久。

楼梯标识参考图例如图3-40所示。

⑤爬梯标识

在每个爬梯口的侧墙上设置爬梯标识，距地1500mm。

汉字采用"宋体"标识字体，字高80mm，字宽80mm。

标识牌的版面颜色选择绿字ral6024白底ral9011，参考ral工业国际标准色卡。

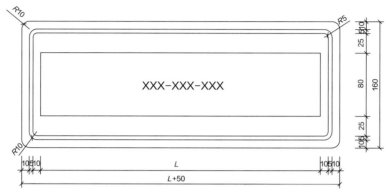

注: 1. L根据字符数量调整。
2. R为圆弧半径。

图3-40 楼梯标识参考图例（单位：mm）

内边框线距离指示牌边缘15mm，线宽5mm。

边角必须切割成圆弧形，半径为10mm。

标识牌为单面贴膜，单面文字。

标识牌应采用不可燃、防潮、防锈类材质制作，悬挂标识牌与墙体的连接件必须是双保险，以保证结构牢固耐久。

爬梯标识参考图例如图3-41所示。

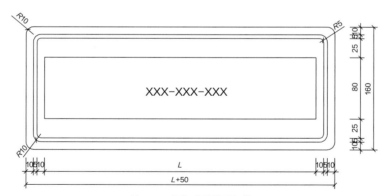

注: 1. L根据字符数量调整。
2. R为圆弧半径。

图3-41 爬梯标识参考图例（单位：mm）

⑥常闭式防火门标识

在每个防火分区的防火门的门梁上设置，距地1500mm。

汉字采用"宋体"标识字体，字高为50mm，字宽50mm。

标识牌的版面颜色选择绿字ral6024白底ral9011，参考ral工业国际标准色卡。

外边框线距离指示牌边缘13mm，线宽5mm。

边角必须切割成圆弧形，半径为10mm。

标识牌为单面贴膜，单面文字。

标识牌应采用不可燃、防潮、防锈类材质制作，悬挂标识牌与墙体的连接件必须是双保险，以保证结构牢固耐久。

常闭式防火门标识参考图例如图3-42所示。

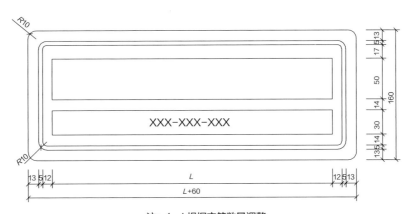

注：1. L根据字符数量调整。
　　2. R为圆弧半径。

图3-42　常闭式防火门标识参考图例（单位：mm）

⑦路名指示标识

在每个路口正上方的顶部上设置该标识。

汉字采用"宋体"标识字体，字高50mm，字宽50mm。

标识牌的版面颜色选择绿字ral6024白底ral9011，参考ral工业国际标准色卡。

外边框线距离指示牌边缘13mm，线宽5mm。

边角必须切割成圆弧形，半径为10mm。

标识牌为单面贴膜，单面文字。

标识牌应采用不可燃、防潮、防锈类材质制作，悬挂标识牌与墙体的连接件必须是双保险，以保证结构牢固耐久。

路名指示标识参考图例如图3-43所示。

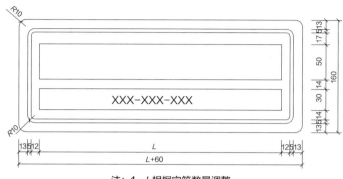

注：1. L根据字符数量调整。
　　2. R为圆弧半径。

图3-43　路名指示标识参考图例（单位：mm）

⑧河道指示标识

在距河道80m正上方的顶部上设置该标识。

汉字采用"宋体"标识字体，字高为80mm，字宽80mm。

标识牌的版面颜色选择绿字ral6024白底 ral9011，参考ral工业国际标准色卡。

内边框线距离指示牌边缘15mm，线宽5mm。

边角必须切割成圆弧形，半径为10mm。

标识牌为单面贴膜，单面文字。

标识牌应采用不可燃、防潮、防锈类材质制作，悬挂标识牌与墙体的连接件必须是双保险，以保证结构牢固耐久。

河道指示标识参考图例如图3-44所示。

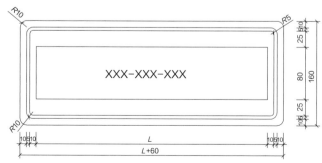

注：1. L根据字符数量调整。
　　2. R为圆弧半径。

图3-44　河道指示标识参考图例（单位：mm）

⑨管廊定位铭牌标识

在管廊出入口门侧旁，距地1500mm。

"XX综合管廊"汉字采用"宋体"标识字体，字高40mm，字宽40mm。

"建设单位、设计单位、施工单位、监理单位、管理单位、竣工时间"等为汉字，采用"宋体"标识字体，字高为25mm，字宽为25mm。

标识牌的版面颜色选择绿字ral6024白底ral9011，参考ral工业国际标准色卡。

外边框线距离指示牌边缘5mm，线宽3mm。

边角必须切制成圆弧形，半径为10mm。

标识牌为单面贴膜，单面文字。

标识牌应采用不可燃、防潮、防锈类材质制作，悬挂标识牌与墙体的连接件必须是双保险，以保证结构牢固耐久。

管廊定位铭牌标识参考图例如图3-45所示。

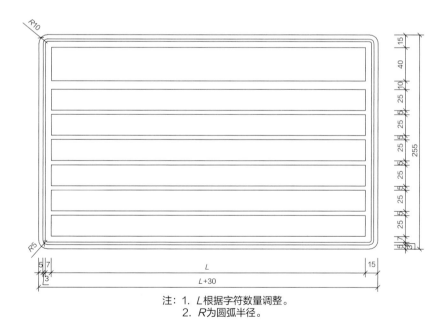

注：1. L根据字符数量调整。
2. R为圆弧半径。

图3-45 管廊定位铭牌标识参考图例（单位：mm）

（2）管理标识

①变压器室标识

在每个变压器室入口处设置变压器室标识，距地1500mm。

汉字采用"宋体"标识字体，字高80mm，字宽80mm。

标识牌的版面颜色选择蓝字ral5017白底ral9011，参考ral工业国际标准色卡。

内边框线距离指示牌边缘15mm，线宽5mm。边角必须切割成圆弧形，半径为10mm。标识牌为单面贴膜，单面文字。

标识牌应采用不可燃、防潮、防锈类材质制作，悬挂标识牌与墙体的连接件必须是双保险，以保证结构牢固耐久。

变压器室标识参考图例如图3-46所示。

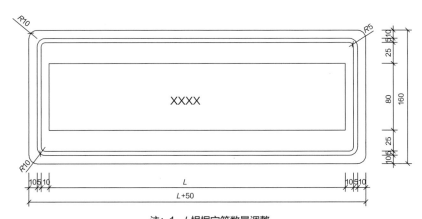

注：1. L根据字符数量调整。
　　2. R为圆弧半径。

图3-46　变压器标识参考图例（单位：mm）

②控制中心标识

在每个控制中心入口处设置控制中心标识，距地1500mm。

汉字采用"宋体"标识字体，字高80mm，字宽80mn。

标识牌的版面颜色选择蓝字ral5017白底ral9011，参考ral工业国际标准色卡。

内边框线距离指示牌边缘15mm，线宽5mm。

边角必须切割成圆弧形，半径为10mm。

标识牌为单面贴膜，单面文字。

标识牌应采用不可燃、防潮、防锈类材质制作，悬挂标识牌与墙体的连接件必须是双保险，以保证结构牢固耐久。

控制中心标识参考图例如图3-47所示。

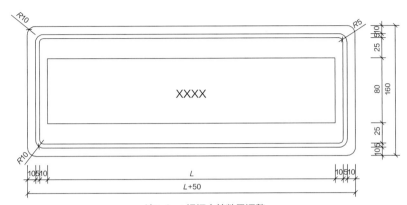

注：1. L根据字符数量调整。
　　2. R为圆弧半径。

图3-47　控制中心标识参考图例（单位：mm）

③投料口标识

在靠近投料口处设置投料口标识。

汉字采用"宋体"标识字体，字高为80mm，字宽80mm。

标识牌的版面颜色选择蓝字ral5017白底ral9011，参考ral工业国际标准色卡。

内边框线距离指示牌边缘15mm，线宽5mm。

边角必须切割成圆弧形，半径为10mm。

标识牌为单面贴膜，单面文字。

标识牌应采用不可燃、防潮、防锈类材质制作，悬挂标识牌与墙体的连接件必须是双保险，以保证结构牢固耐久。

投料口标识参考图例如图3-48所示。

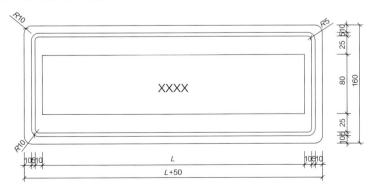

注：1. L根据字符数量调整。
　　2. R为圆弧半径。

图3-48　投料口标识参考图例（单位：mm）

④通风口标识

在通风口处设置出风口标识。

汉字采用"宋体"标识字体，字高80mm，字宽80mm。

标识牌的版面颜色选择蓝字ral5017白底ral9011，参考ral工业国际标准色卡。

内边框线距离指示牌边缘15mm，线宽5mm。

边角必须切割成圆弧形，半径为10mm。

标识牌为单面贴膜，单面文字。

标识牌应采用不可燃、防潮、防锈类材质制作，悬挂标识牌与墙体的连接件必须是双保险，以保证结构牢固耐久。

通风口标识参考图例如图3-49所示。

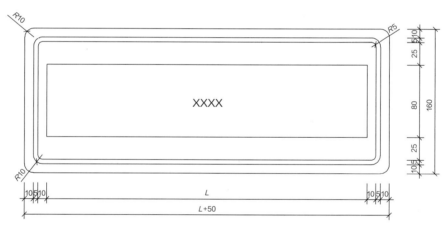

注：1. L根据字符数量调整。
2. R为圆弧半径。

图3-49　通风口标识参考图例（单位：mm）

⑤集水坑标识

在集水坑处设置集水坑标识。

汉字采用"宋体"标识字体，字高为80mm，字宽80mm。

标识牌的版面颜色选择蓝字ral5017白底ral9011，参考ral工业国际标准色卡。

内边框线距离指示牌边缘15mm，线宽5mm。

边角必须切割成圆弧形，半径为10mm。

标识牌为单面贴膜，单面文字。

标识牌应采用不可燃、防潮、防锈类材质制作，悬挂标识牌与墙体的连接件必须是双保险，以保证结构牢固耐久。

集水坑标识参考图例如图3-50所示。

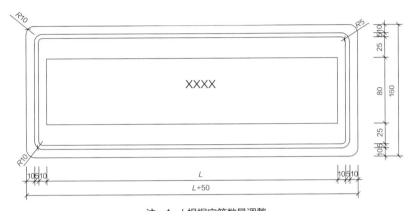

注：1. *L*根据字符数量调整。
　　2. *R*为圆弧半径。

图3-50　集水坑标识参考图例（单位：mm）

（3）专业管道标识

在管道处/电缆处设置管道类型标识。标识要求如下：

"管线名称"汉字采用"宋体"标识字体，字高50mm，字宽50mm。

规格、电话、管理单位（产权单位）汉字采用"宋体"标识字体，字高20mm，宽度因子0.8。

标识牌的版面颜色选择蓝字 ral6024 白底ral9011，参考ral工业国际标准色卡。

内边框线距离指示牌边缘15mm，线宽5mm。

边角必须切割成圆弧形，半径为10mm。

标识牌为单面贴膜，单面文字。

标识牌应采用不可燃、防潮、防锈类材质制作，悬挂标识牌与墙体的连接件必须是双保险，以保证结构牢固耐久。

标识牌每隔100m设置一个。

各类管道标识参考图例如图3-51所示。

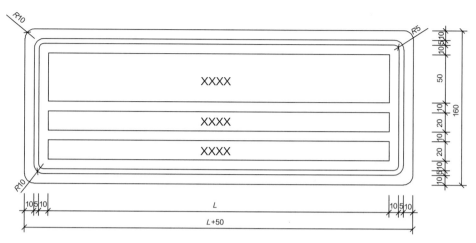

注：1. L根据字符数量调整。
　　2. R为圆弧半径。

图3-51　专业管线标识参考图例（单位：mm）

（4）警示标识

警示标识采用GB系列警示标识且具有夜视反光荧光功能。标识牌为单面贴膜，单面文字。标识牌应采用不可燃、防潮、防锈类材质制作。悬挂标识牌与墙体的连接件必须是双保险，以保证结构牢固耐久。

①当心触电标识

在用电处设置此标识。

②小心火灾标识

在易起火处位置设置此标识。

③易爆物品标识

在可能爆炸的位置设置此标识。

④禁烟标识

在能提醒禁止吸烟的醒目位置设置此标识。

⑤小心碰头标识

在头部上方高度低于2.2m凸出的位置设置此标识。

⑥小心脚下标识

在有台阶和门槛等可能造成磕碰的位置设置此标识。

⑦灭火器材标识

在需要设置灭火器材的位置设置此标识。

⑧气溶灭火标识

在放置气溶灭火器材的位置设置此标识。

⑨禁止明火作业标识

在可能造成火灾等危险情况的位置设置此标识。

⑩高压电禁止触摸标识

在电力设备等有触电危险的位置设置此标识。

（5）其他要求

①疏散照明灯应设置在出口的顶部、墙面的顶部或顶棚上，备用照明灯具应设置在墙面的顶部或顶棚上。

②为了便于综合管廊内管道的识别和维护管理，规范综合管廊内专业管道颜色标识，综合管廊内各管道颜色可参考表3-15颜色进行设置。

各管道颜色参考表　　　　　　　　　　表3-15

管道名称	颜色名称
给水管	绿色 ral6024
中水管	蓝色 ral5017
天然气管道	黄色 ral1016
热力管道	粉色 ral4006
消防管道	黄色 ral3001

4

典型案例——全国首个老旧小区地下管廊综合工程

4.1 项目概况

项目位于北京市海淀区三里河路9号院小区内，小区占地面积约17.5hm²，院内建筑建设年代情况复杂，多为20世纪50年代建筑，主要分为甲区、乙区和丙区3个片区。总建筑面积约31.8万m²，其中办公面积约7.2万m²，住宅面积约24.6万m²。

小区内所有现状地下管线均纳入本次项目改造范围，具体包括热力、电力、电信、给水、消防、安防、有线电视、建筑智能化管线、燃气及雨污水管线。

本着着眼长远、标本兼治、分步实施的原则，结合国家积极推进综合管廊建设的大好形势，借鉴综合管廊全生命周期的运行方式，为合理利用有限的地下空间，本项目采用综合管廊的敷设方式。将除燃气及雨污水管线外的其他市政管线均纳入综合管廊，以便于后期运行维护及管线更新改造。

本项目地下综合管廊全长1154m，沿院内小区道路布置，结构宽4m、高4.4m，为拱顶直墙平底门洞型单舱室管廊（图4-1），采用浅埋暗挖法施工。

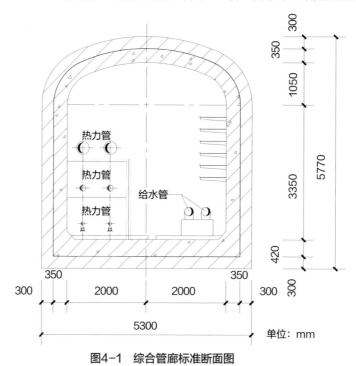

图4-1 综合管廊标准断面图

4.2 技术选择

项目在2014年立项时采用的是直埋敷设方式，但最终实际采用的是浅埋暗挖法单舱综合管廊方式。其间，管线改造方式经历了从直埋、明挖法双舱管廊、盖挖法双舱管廊、暗挖法双舱管廊到最终浅埋暗挖法单舱管廊的演变过程。

4.2.1 直埋方式（第一阶段）

在具体设计开始前，首先对现状小区内地下管线进行普查工作。通过档案查询、现场勘察、走访询问、物理探测、现场挖探等多种方式，确定燃气、热力、供水、再生水（中水）、雨污水、电力、电信等各类管线分布状况、类型、平面位置、埋深、材质、功能、使用状况及权属单位，并最终形成管线普查报告。

通过地下管线普查，发现由于小区建成已久，小区内的各专业管线是根据院区的发展需求逐步形成的，经多次局部改造，地下敷设的各种新老管道杂乱无章，存在供暖管道沟内穿行污水管道、雨污水管道合流、各管线水平间距和垂直间距均不符合现行规范要求等种种问题。

现状小区内道路呈环状，单向车道，车行道最小宽度约6m，最大宽度约9m，沿道路两侧人行道宽度约1.5～2m。

以5号楼和甲4号楼之间的局部路段为例，现状道路宽度为7m，北侧的5号楼距离北侧路边线距离为5.4m，南侧甲4号楼距离南侧路边线距离为4m。此路段现状顺行地下管线包括一路DN200天然气管、两路Φ200污水管、一路Φ100污水管、两根电力电缆、一路1000mm×800mm热力管廊、一路DN100给水管、一路100mm×100mm电信管块及一路400mm×400mm电信管块，具体如图4-2～图4-4所示。

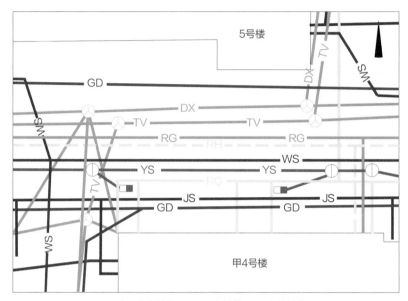

GD-高压电力管线；WS-污水管线；DX-电信管线；
YS-雨水管线；JS-给水管线；TV-电视信号管线

图4-2　现状地下管线平面图（局部）

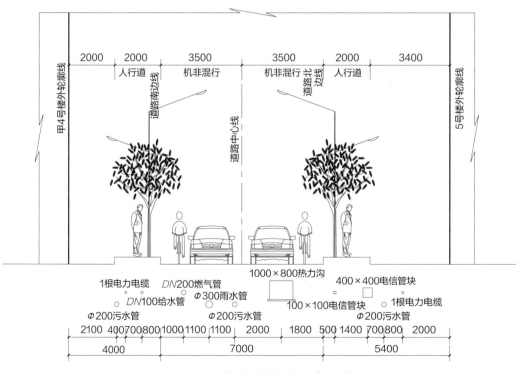

图4-3　现状地下管线剖面图（局部）

图4-4　现状地下管线BIM效果图（局部）

本项目在立项时，要求各类管线具体改造内容如下。

1）热力专业

除保留乙2号楼燃气锅炉房、改造乙1号楼及乙3号楼燃气锅炉房外，将整个院区供热纳入市政供热系统。现状某侧大街DN300热力管线需局部扩径并延长至西区换热站（原丙区锅炉房和幼儿园锅炉房供热区域合并后设置）。从市政主路上现状热力小室西侧DN250分支新敷设DN250热力管线至小区并引入东区换热站（将原大锅炉房和南锅炉房供热区域合并后设置）。

以上变化导致院区内需新增部分热力一次管线（市政热力管线），另因供热区域合并导致热力二次管线（从换热站至各热用户的管线）数量也较现状院区内的供热管线有所增加。

2）给水专业

现状院区内的给水管线仅为一路环状管网，根据自来水公司的最新要求，本次改造需给居民及公共建筑系统分别设置给水管网，意味着院区内需敷设两套给水管线。

3）排水专业

经核算，院区内的雨污水管径完全可满足使用需求，无需新增管线，也无扩径需求，仅需对局部不满足雨污分流要求的管线进行局部改造。

4）电力专业

改造现状甲区、乙区和丙区3座配电室，电力外线仅进行局部改造。

5）消防专业

对现状消防管线进行更新换管改造。

6）燃气专业

大院内的燃气管线，最早的建于20世纪50年代，最晚的建于2007年左右，已不能满足现有相关规范的要求，存在管线陈旧老化、分期建设造成的重复建设等问题。

由于项目采用市政热力为小区内全部建筑供暖，因此7座燃气锅炉房全部拆除，相应锅炉房燃气管线全部拆除。对居民及食堂部分低压外管线进行更新改造设计。

7）安防及建筑智能化专业

本项目计划改造更新小区内的综合布线系统、视频监控和安防报警系统及停车场管理系统。

各专业管线更新改造前后地下管线敷设情况对比详见表4-1，各专业管线改造后相关技术参数详见表4-2。

各专业管线改造前后对比表　　　　　　　　　　表4-1

专业	改造前	改造后
热力	锅炉房直供，外线为枝状管网，各条道路下仅1路采暖管线	接市政热力，增加热力一次线、二次线，根据末端使用性质分为公建和住宅采暖系统，道路下最多有3路采暖管线
给水	环状管网，仅1路供水系统	公建和住宅分别设置供水系统，道路下设置2路供水系统
其他专业	改造前后变化不大	

改造后各专业管线技术参数表　　　　　　表4-2

专业		技术（规格）参数	备注
热力	热力一次线	管径范围：DN125~DN300	—
	热力二次线	管径范围：DN40~DN250	公共建筑和住宅设置独立系统
给水		管径范围：DN32~DN200	公共建筑和住宅设置独立系统
排水	雨水	管径范围：DN300~DN500	—
	污水	管径范围：DN200~DN400	—
电控	电力	6X Φ150	主干道下最大尺寸
	电信	电视、电话、网络等	—
燃气		管径范围：DN50~DN300	部分为中压管线

根据《城市工程管线综合规划规范》GB 50289—2016，各专业管线之间的距离如表4-3所示。

本次改造各专业管线若严格按照规范设计，则车行道范围内已经不能满足敷设需求。而院区内的部分现状建筑距离车行道非常近，可用于埋设管道的空间有限，且施工期间的土方开挖可能对部分建筑楼座基础有所扰动，存在安全隐患。

本次改造管线共涉及热力、给排水、供电、消防、安防、燃气、建筑智能化等多个专业，其中，供电、热力、燃气等管线施工专业性较强，必须由具备相应资质的施工单位实施，因此采用直埋敷设方式势必造成多个施工单位同时在现场作业的情况，在现状管线临时排迁、土方开挖回填夯实、施工工序、作业面交接等方面有大量的协调工作，很容易造成"窝工现象"，施工周期无法保证。

各专业管线都涉及正常使用寿命的问题，且在正常使用期限内也可能存在局部临时检修及破损维修等情况，若采用直埋敷设方式，势必造成多次开挖路面的问题，影响院区内居民的生活。

直埋敷设的弊端还包括管线运行维护人员无法在第一时间知晓管线的破损情况。如给水专业管线出现破损长时间未引起注意，则可能造成局部土壤流失，严重时会造成路面塌陷。

综上所述，采用直埋方式改造地下管线有地下空间不足、存在施工安全隐患、多专业施工队伍交叉作业及今后运维期间重复开挖路面等根本性问题，故本项目采用直埋敷设基本不具备可行性。

工程管线之间及其与建（构）筑物之间的最小水平净距（m）

表4-3

序号			1	2 给水管线		3	4	5 燃气管线					6	7 电力管线		8 通信管线		9	10	11	12 地上杆柱			13	14	15
								低压	中压		次高压										通信照明及<10kV	高压铁塔基础边				
	管线及建（构）筑物名称		建（构）筑物	d≤200mm	d>200mm	污水、雨水管线	再生水管线		B	A	B	A	直埋热力管线	直埋	保护管	直埋	管道、通道	管沟	乔木	灌木		≤35kV	>35kV	道路侧石边缘	有轨电车钢轨	铁路钢轨（或坡脚）
1	建（构）筑物		—	1.0	3.0	2.5	1.0	0.7	1.0	1.5	5.0	13.5	3.0	0.6	1.5	1.0	1.5	—	—	—	—	—	—	—	—	—
2	给水管线	d≤200mm	1.0	—		1.0	0.5	0.5					1.5	0.5		1.0		0.5	1.5	1.0	0.5	3.0		1.5	2.0	5.0
		d>200mm	3.0		—	1.5	0.5						1.5					1.5	1.5	1.0				1.5	2.0	5.0
3	污水、雨水管线		2.5	1.0	1.5	—	0.5	1.0	1.2	1.2	1.5	2.0	1.5	0.5		1.0		1.5	1.5		0.5	1.5		1.5	2.0	5.0
4	再生水管线		1.0	0.5	0.5	0.5	—	0.5	0.5	0.5	1.0	1.5	1.0	0.5		1.0		0.5	1.0		0.5	3.0		1.5	2.0	5.0
5	燃气管线	低压 P<0.01MPa	0.7	0.5（DN≤300mm 0.4；DN>300mm 0.5）		1.0	0.5	—					1.0	0.5		0.5		1.0	0.75		1.0	2.0		1.5	2.0	5.0
		中压 B 0.01MPa<P≤0.2MPa	1.0			1.2	0.5		—				1.0	0.5		1.0		1.0			1.0	2.0		1.5	2.0	5.0
		中压 A 0.2MPa<P≤0.4MPa	1.5			1.2	0.5			—			1.0	0.5		1.0		1.5			1.0	2.0		1.5	2.0	5.0
		次高压 B 0.4MPa<P≤0.8MPa	5.0			1.5	1.0				—		1.5	1.0		1.0		2.0			1.0	5.0		2.5	2.0	5.0
		次高压 A 0.8MPa<P≤1.6MPa	13.5			2.0	1.5					—	2.0	1.5		1.5		4.0	1.2		1.0	5.0		2.5	2.0	5.0
6	直埋热力管线		3.0	1.5	1.5	1.5	1.0	1.0	1.0	1.0	1.5	2.0	—	2.0	2.0	1.0	1.0	1.5	1.5	1.5	1.0	3.0（>330kV 5.0）		1.5	2.0	5.0
7	电力管线	直埋	0.6	0.5	0.5	0.5	0.5	0.5	0.5	0.5	1.0	1.5	2.0	0.25	0.1	<35kV 0.5；≥35kV 2.0		0.5	0.7		0.5	2.0		1.5	2.0	10.0（非电气化）（电气化 3.0）
		保护管	1.5											0.1				1.0	1.0							
8	通信管线	直埋	1.0	1.0	1.0	1.0	1.0	0.5	1.0	1.0	1.0	1.0	1.0	<35kV 0.5；≥35kV 2.0			0.5	1.0	1.5	1.0	0.5	2.5		1.5	2.0	2.0
		管道、通道	1.5			1.5	1.0	1.0	1.0	1.0	1.0	1.0	1.0				0.5	1.5	1.0		0.5	2.5		1.5	2.0	2.0

续表

序号	管线及建(构)筑物名称	1 建(构)筑物	2 给水管线 d≤200mm	2 给水管线 d>200mm	3 污水、雨水管线	4 再生水管线	5 燃气管线 低压	5 中压B	5 中压A	5 次高压B	5 次高压A	6 直埋热力管线	7 电力管线 直埋	7 保护管	8 通信管线 直埋	8 管道、通道	9 管沟	10 乔木	11 灌木	12 地上杆柱 通信照明及<10kV	12 高压铁塔基础边 ≤35kV	12 >35kV	13 道路侧石边缘	14 有轨电车钢轨	15 铁路钢轨(或坡脚)
9	管沟	0.5	1.5	1.5	1.5	1.5	1.0	1.5		2.0	4.0	1.5	1.0	1.0	1.0	1.0	—	1.5	1.0	1.0		3.0	1.5	2.0	5.0
10	乔木	—	1.5	1.5	1.5	1.0		0.75		1.2		1.5	0.7		1.5	1.5	1.5	—	—	—			0.5	—	—
11	灌木	—	1.0	1.0	1.0	0.5		1.0				1.0	1.0		1.0	1.0	1.0	—	—	—			—	—	—
12	地上杆柱 通信照明及<10kV	—	0.5	0.5	0.5	0.5									0.5	0.5	1.0	—	—	—			0.5	—	—
12	地上杆柱 高压铁塔基础边 ≤35kV、>35kV	—	3.0	3.0	1.5	3.0	2.0					3.0(>330kV 5.0)	2.0		2.5	2.5	3.0	—	—	—			0.5	—	—
13	道路侧石边缘	—	1.5	1.5	1.5	1.5	1.5					1.5	1.5		1.5	1.5	1.5	—	—	1.0		0.5	—	—	—
14	有轨电车钢轨	—	2.0	2.0	2.0	2.0	2.0					2.0	2.0		2.0	2.0	2.0	—	—	—			—	—	—
15	铁路钢轨(或坡脚)	—	5.0	5.0	2.0	5.0	5.0					5.0	10.0(非电气3.0)		2.0	2.0	3.0	—	—	—			—	—	—

注：1. 地上杆柱及建(构)筑物距离，除次高压燃气管道为其至建筑物外墙面外均为至建筑物基础，还应符合《城市工程管线综合规划规范》GB 50289中表5.0.8的规定。
2. 管线距建筑物距离，除次高压燃气管道采取有效的安全防护措施或加厚管壁厚度时，管道距建筑物外墙面不应小于3.0m。
3. 地下燃气管线与铁塔基础边的水平净距，还应符合现行国家标准《城镇燃气设计规范》GB 50028地下燃气管线和交流接地体水平净距的规定。
4. 燃气管线采用聚乙烯管材时，燃气管线与乔木间距应按现行行业标准《聚乙烯燃气管道工程技术规程》CJJ 63执行。
5. 直埋蒸汽管道与乔木最小水平间距为2.0m。

4.2.2 明挖法双舱管廊（第二阶段）

1）管廊项目参观调研

经与业主、管理公司等相关主管部门协商，决定探讨本项目采用明挖法管廊实施地下管线改造的可行性。

针对老旧小区地下综合管廊工程建设经验不足的情况，同时为了保证工程顺利实施，业主单位组织相关单位成立专题调研课题组，对北京、海南等地的地下综合管廊项目进行了实地参观和深入调研（图4-5），总结管廊建设经验。

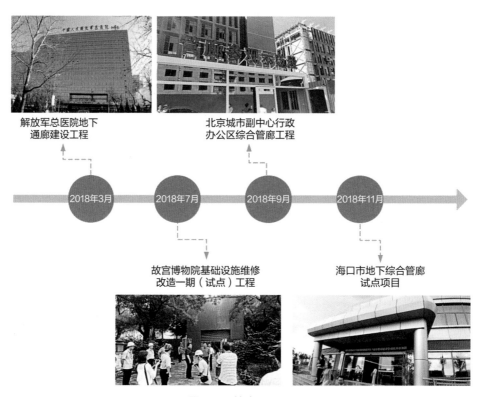

图4-5　管廊项目调研

2）入廊管线选择

根据《城市综合管廊工程技术规范》GB 50838—2015的要求，管线入廊原则如下：

①综合管廊断面形式应根据纳入管线的种类及规模、建设方式、预留空间等确定。

②综合管廊断面应满足管线安装、检修、维护作业的空间要求。

③综合管廊内的管线布置应根据纳入管线的种类、规模及周边用地功能确定。

④热力管道不应与电力电缆同舱敷设。

⑤110kV及以上电力电缆，不应与通信电缆同侧布置。

⑥给水管道与热力管道同侧布置时，给水管道宜布置在热力管道下方。

若燃气管线在管廊内发生泄漏，监测及预警系统发现又不及时，其在封闭空间内发生爆炸可能造成的影响是相当巨大的。据初步调查，目前国内已实施的地下管廊项目，绝大多数均未将燃气管线纳入地下管廊，鉴于此，本项目建议将燃气管线置于管廊外单独直埋敷设。

根据国家政策要求并综合管廊国家规范，污水管道可纳入地下管廊内，但目前各地实施过程中存在一些问题，如纳入管廊污水管检查井的设置问题、管廊断面的布置形式问题以及污水支线的接入问题等。

本项目雨污水管道起点、终点标高已定。由于雨污水管是重力流，管线管径较大，管线标高随着流向降低，若将重力流管道放于综合管廊内，会增加综合管廊埋深，增加综合管廊投资。周边各主干道雨污水管道均已配套完成，污水进出管廊可能需要污水泵提升，同时因污水里有害气体、垃圾、泥沙较多，水泵提升前需设置沉降池，同时提升泵前可能需设置粉碎装置。管廊内污水管检查、清理难度较高，管廊内需要的监控报警设备投资成本高、运维难度大。所以综合考虑，本项目污水管道不纳入管廊。

结合以往类似工程经验，燃气、雨污水管线进入综合沟势必会增加断面宽度或深度，考虑到大院部分楼间距较小，且局部楼栋有地下结构等，本工程燃气管线、雨水管线和污水管线按直埋敷设考虑。

最终纳入本项目地下综合管廊的管线包括热力、给水、电力、电信、消防、安防、有线电视及建筑智能化管线。

3）管廊断面确定

考虑到本项目为既有居住区综合管廊项目，且如图4-2~图4-4现状地下管线剖面图所示，道路下方可用空间有限，故对综合管廊的管道安装净距稍作调整，具体如下：

①管廊净高由规范要求的2.4m调整为2.15m。

②由规范要求管道外皮距离管廊侧壁的净距400~500mm调整为管道中心距离管廊侧壁的净距为400mm。

③水信舱的通道净宽由规范要求的不小于1m调整为0.7m。

调整后的综合管廊设置双舱,其中一舱为热力舱,舱内敷设热力一次管线及热力二次管线。热力舱净宽为2.25m;另一舱为水信舱,净宽为1.5m,舱内敷设给水、电力及电信、消防、安防、有线电视及建筑智能化管线。

双舱合计总净宽为4m,净高2.15m。标准断面如图4-6所示。

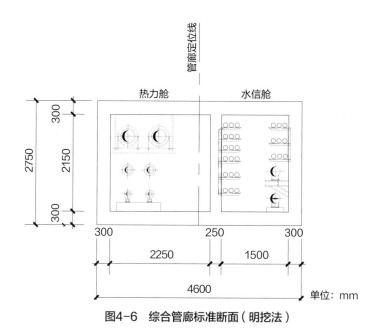

图4-6 综合管廊标准断面(明挖法)

4)管廊三维控制线确定

根据《城市综合管廊工程技术规范》GB 50838—2015要求,对综合管廊与相邻地下构筑物的最小净距稍作调整,综合管廊与地下管线水平净距由规范要求的1m调整为0.7m。

调整后的综合管廊三维控制线划定图如图4-7所示。

5)明挖法管廊存在的问题

目前常用的明挖法主要有两种形式,分别为明挖现浇法、明挖预制拼装法。

(1)明挖现浇法

该工法是指在利用支护结构支挡的条件下,在地表进行地下基坑开挖,在基坑内现浇管廊结构的施工方法。

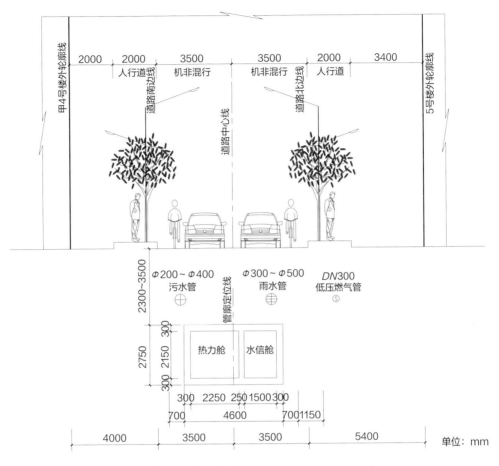

图4-7　综合管廊三维控制线划定图（明挖法）

明挖现浇法的优缺点比较如下。

优点：

造价较低，施工工艺简单，便于施工组织设计。

缺点：

①施工周期长。

②在雨季及北方地区的冬季无法开展施工。

③湿作业工作量大，振捣不均匀，易造成局部抗渗性能差，且混凝土养护时间较长，开槽后较长时间不能进行回填作业。

④现场土方量大，需留支模空间，对土壤扰动破坏较多，不符合绿色施工的理念且易造成扬尘及噪声污染。

故明挖现浇法主要适用于城市新建区的管廊建设。

（2）明挖预制拼装法

此工法基坑开挖等工序做法与明挖现浇法基本相同，区别主要在于标准段管廊本体结构提前在预制构件厂进行工厂化生产加工，在达到一定强度后再运输至现场拼装成型。

明挖预制拼装法的优缺点比较如下。

优点：

①与其他施工法相比，现场拼装施工大大提高了生产效率，施工工期更短，适合对工期要求高的工程。

②可实现标准化、工厂化预制件生产，不受自然环境影响，可以充分保证预制件质量，并进行批量化生产。

③无需施工周转材料，无需占用大量材料堆场，可有效降低综合管廊的建设成本。

④施工现场无需模板支架，无需大量现浇混凝土，粉尘噪声污染少，对周边环境影响更小，符合绿色施工的理念。

缺点：

①廊体重量大，需大吨位的运输及起吊设备。

②预制管廊接口更多，更容易出现渗水的问题。

③对于长度较短的管廊，其模具周转利用效率不高，成本也较高。

明挖法管廊除上述优缺点外，针对本项目的特点和实际情况，尚有根本问题无法解决：

①管廊结构施工期间，基坑内的所有管线必须悬吊保护或改移。但对于采用承插方式的雨污水管线悬吊保护难度大，一般都采用改移方式，但基坑与现状建筑物之间已经没有空间放置临时改移的管线（图4-8）。

②管廊结构施工期间，即使采用分段开挖的方式，也会给小区内居民的出行及日常生活带来不便。

③小区内道路狭窄，两侧停满车辆。若采用明挖方式，本项目附近没有可替代的临时停车场。

综上所述，虽然采用综合管廊的方式改造地下管线能部分解决直埋方式中地下空间不足和重复开挖路面的问题，但明挖法在施工期间对院内居民正常生活的影响是不可避免的，故如何采用其他方式实施综合管廊是下一阶段的设计思路改变的重点。

图4-8　施工现场照片及管廊位置示意图

4.2.3　盖挖法双舱管廊（第三阶段）

　　盖挖法是一种新型的工程施工方法，具体做法是由地面向下开挖至一定深度后，将顶部封闭，其余的下部工程在封闭的顶盖下施工（图4-9）。主体结构可以顺作，也可以逆作。在城市繁忙地带修建地铁车站时，往往占用道路，影响交通，当地铁车站设在主干道上，而交通不能中断，且需要确保一定交通流量时，可选用盖挖法。

　　盖挖法适用于地质条件松散、管廊处于地下水位以上的地区。盖挖法对结构

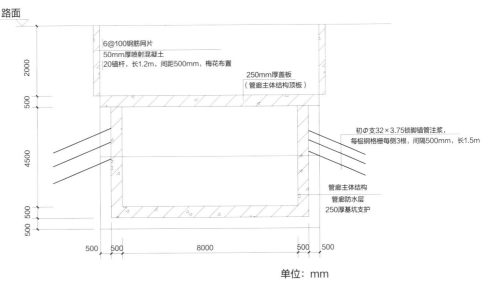

单位：mm

图4-9　盖挖法施工工艺示意图

的水平位移小，安全系数高，对地面的影响小。

盖挖法也需要开挖路面，但开挖路面的时间要比明挖法的时间短，只需要开挖到管廊顶板的深度，浇筑好管廊一衬顶板后即可回填。回填后对小区居民的正常生活和出行基本没有影响。

盖挖法也需在条件允许的局部区域开挖竖井，作为出土的通道。盖挖法的优点如下：

1）盖挖法不需要扩大管廊标准断面，断面尺寸满足原明开预制方案的尺寸即可。

2）管廊的埋深与原方案明开类似，埋深略深。

3）施工速度快，正常情况下，每个作业面一衬结构的掘进距离约为2~3m/天。

4）在一衬顶板浇筑完毕后、覆土回填的过程中即可施工廊外的燃气及雨污水管线，无需重复开挖。

5）盖挖法较浅埋暗挖法施工难度低、安全性高。

6）工程投资远低于浅埋暗挖方式。

盖挖法是介于明挖法和浅埋暗挖法之间的一种施工方法。虽然跟明挖法相比，开挖路面的时间相对较短，但不能从根本上解决施工期间影响院内居民正常生活的问题，故设计思路需进一步完善。

4.2.4 浅埋暗挖法双舱管廊（第四阶段）

浅埋暗挖法是目前地铁、市政热力等项目中常用的施工方法，它的突出优势在于不影响城市交通，无污染、无噪声，而且适合于各种尺寸与断面形式的管廊洞室（图4-10）。

浅埋暗挖法不需要开挖路面，仅需在条件允许的局部区域开挖竖井，作为暗挖出土的通道。

浅埋暗挖法优缺点如下。

优点：

1）对小区居民的正常生活和出行基本没有影响。

2）管廊施工期间，现状管线无需进行悬吊保护或改移，基本可以正常使用。

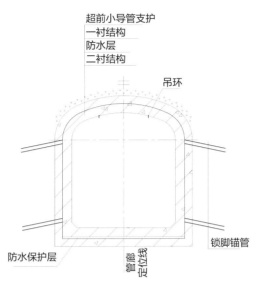

图4-10　浅埋暗挖管廊断面示意图

缺点：

1）施工周期长，正常情况下每个作业面一衬结构的掘进距离约为1～2m/天。

2）浅埋暗挖因为施工工艺要求及为躲避现状管线，埋深较深，管廊拱顶覆土深度至少需要6m以上，相应的节点小室的深度也加深了。

3）浅埋暗挖断面马蹄形拱顶不能开口，而本项目分支管线非常多，只能从直墙段开口出管廊，因此需要相应加高直墙段高度，管廊断面就相应地增大了（图4-11、图4-12）。

4）工程投资比其他方式高。

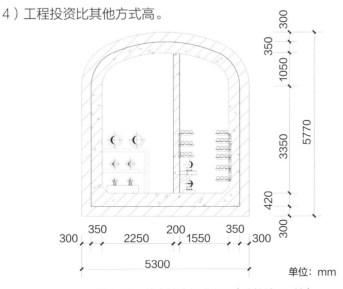

单位：mm

图4-11　综合管廊标准断面（暗挖法-双舱）

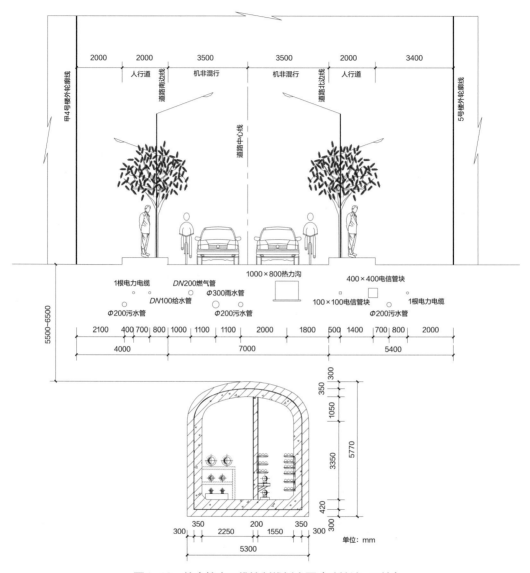

图4-12　综合管廊三维控制线划定图（暗挖法-双舱）

4.2.5　浅埋暗挖法单舱管廊（第五阶段）

在2019年5月进行管廊附属结构（出线口、排风口、进风口、逃生口）施工前，由业主、管理单位、设计单位、监理单位及施工单位五方召开了附属结构施工专题会，旨在于附属结构施工时确保现况管线运行平稳，满足办公及生活需求。

要求施工方在开挖出线口、排风口、进风口、逃生口前先进行坑探，以避免对现况管线造成破坏。当时已施工完成13个附属口，确定能继续施工的有12处，因管线障碍不具备施作条件的有11处，正在进行坑探的有10处（表4-4）。

综合管廊已实施附属结构统计表　　　　表4-4

序号	附属结构类型	原设计图纸（处）	实际完成情况（处）
1	强电出线口	11	1
2	热力出线口	11	4
3	水信出线口	10	2
4	逃生口	2	1
5	进风口	5	2
6	排风口	7	3
7	合计	46	13

针对现场存在的问题，设计单位提出两点建议。

1）取消原设计中的隔墙

根据《城市综合管廊工程技术规范》GB 50838—2015要求，热力管线需有独立舱室，故本项目综合管廊分为左右两个舱室，分别为热力舱及水信舱。规范还同时要求每种管线单独设置出线口。

如果取消中隔墙，将左右两舱合并为一个舱室（图4-13），则有利于管廊内管线布设，同时可以将两种及以上管线从同一个出线口布出（出线口内净空直径1.8m，圆形），以此减少出线口数量，同时满足用户需求，解决现场出线口无法按原设计实施的问题。

2）适当扩大防火分区间距。

根据《城市综合管廊工程技术规范》GB 50838—2015要求，含有电力电缆的舱室每隔200m用耐火极限大于3小时的墙体分隔。故本项目原设计防火分区长度控制在200m以内，共设12个防火分区（双舱，每个舱室各6个防火分区）。考虑到本项目为小市政管廊，而《城市综合管廊工程技术规范》GB 50838—2015中相关的参数、标准主要是为大市政管廊设定的，本项目可参考该规范要求的参数、标准并予以适当放宽。即将原防火分区进行整合，利用原有防火分区的进风口、排风口、逃生口作为出线口，解决出线问题，同时满足用户需求。

　　具体变化为将原设计的12个防火分区整合为4个防火分区（以取消中隔墙、双舱改为单舱为前提）（图4-14、图4-15）。此方案可合并5处出线口，减少9处出线口，根据施工方现场初步调研的结果判断，变化后，所有的管廊附属结构均可实施。

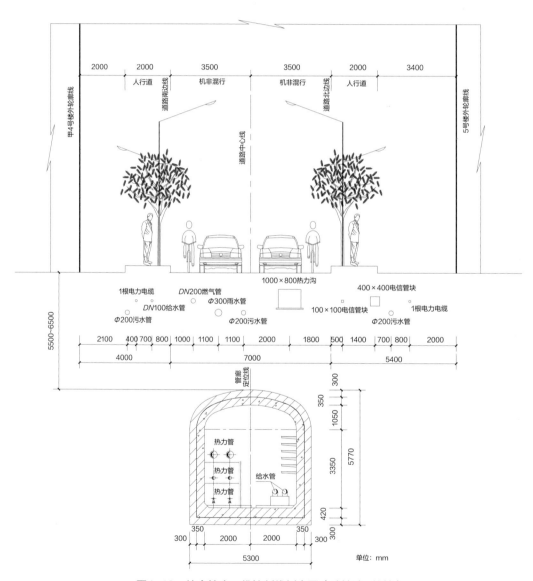

图4-13　综合管廊三维控制线划定图（暗挖法-单舱）

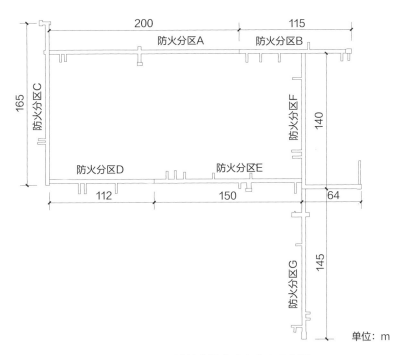

图4-14　原设计综合管廊防火分区示意图

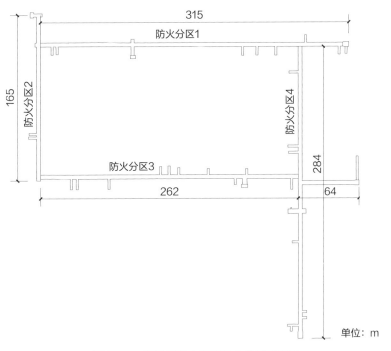

图4-15　调整后综合管廊防火分区示意图

2019年8月，业主方召开了由业主、管理单位、设计单位、监理单位、施工单位及综合管廊行业的专家共同参加的本项目综合管廊设计方案优化评审会，针对设计单位提出的两点建议予以充分讨论，并形成最终意见，摘录如下文所示。

总体意见：

本项目采用浅埋暗挖法施工，取消中隔墙、扩大防火分区、逃生口、通风口间距方案可行，同意通过评审，需进一步完善、细化设计方案。

意见及建议：

1)《城市综合管廊工程技术规范》GB 50838—2015仅适用于城市管廊设计项目，本项目为社区管线廊化建设，仅需要参考执行。

2）同意取消中隔墙，热力舱与水电信舱合并设置。

3）设置4个防火分区，最长不超过400m方案可行；通风分区设置同防火分区。

4）逃生口设置结合投料口、通风口设计，间距不限于200m，因地制宜设置。

至此，经过如上所述五个阶段的研究讨论，本项目最终确定采用浅埋暗挖单舱综合管廊的方式进行老旧小区地下管线更新改造。

4.3 各专业设计

4.3.1 总体设计

1）入廊管线的确定

4.2章节中对相关规范入廊管线选择的规定进行了阐述，并对本项目的地下管线情况进行了分析，最终确定纳入本项目地下综合管廊的管线为热力、给水、电力、电信、消防、安防、有线电视及建筑智能化管线。

2）综合管廊断面的确定

综合管廊断面的确定在施工工法、施工周期、实施难易程度、施工期间对小区的影响、整体造价等多方面因素的影响下，经历了双舱管廊、单舱管廊的变化。

双舱管廊阶段：明挖法双舱管廊、盖挖法双舱管廊、浅埋暗挖法双舱管廊。综合管廊采用双舱设置，其中一舱为热力舱，舱内敷设热力一次管线和热力二次管线。另一舱为水信舱，舱内敷设给水、电力及电信、消防、安防、有线电视及建筑智能化管线。以明挖双舱管廊为例：双舱合计总净宽为4m，净高2.15m。综合管廊标准断面图（暗挖法—双舱）详见图4-11。

单舱阶段：浅埋暗挖法单舱管廊。经过2019年8月的设计方案优化专家论证会确定取消中隔墙，两舱室合并为一个舱室。调整后的综合管廊标准断面图（暗挖法-单舱）详见图4-13。

3）节点设计

节点设计经2019年5月，由业主、管理、设计、监理、施工单位召开的负责结构施工专题会、2019年8月的设计方案优化专家论证会，提出适当扩大防火分区间距，合并优化出线口。经此调整，防火分区整合为4个，出线口合并5处，减少9处。

4.3.2　结构设计

1）设计依据

（1）《城市综合管廊工程技术规范》GB 50838—2015

（2）《城镇供热管网结构设计规范》CJJ 105—2005

（3）《城市供热管网暗挖工程技术规程》CJJ 1200—2014

（4）《建筑结构可靠度设计统一标准》GB 50068—2018

（5）《建筑工程抗震设防分类标准》GB 50223—2008

（6）《建筑结构荷载规范》GB 50009—2012

（7）《混凝土结构设计规范》GB 50010—2010（2015年版）

（8）《建筑抗震设计规范》GB 50011—2010（2016年版）

（9）《地下工程防水技术规范》GB 50108—2008

（10）《混凝土结构工程施工质量验收规范》GB 50204—2015

（11）《建筑地基基础工程施工质量验收标准》GB 50202—2018

（12）《地下防水工程质量验收规范》GB 50208—2011

（13）相关现行结构设计规范

（14）相关专业提供的设计条件图

2）设计参数

（1）设计使用年限：100年

结构设计使用年限内，管廊内最高环境温度取50℃。

（2）气象资料：基本雪压为0.40kN/m²，基本风压为0.45kN/m²

（3）场地土标准冻深：0.8m

（4）建筑结构的安全等级：一级

（5）地下室防水等级：二级

（6）地基基础设计等级：乙级

（7）抗震设防烈度为8度

设计基本地震加速度值为0.20g，设计地震分组为第二组，场地类别为Ⅱ类。

3）材料

（1）主体结构二次衬砌混凝土：抗渗混凝土，强度等级为C35，抗渗等级P8。

垫层混凝土等级为C15。混凝土耐久性的基本要求：混凝土环境类别为2b；混凝土最大水灰比为0.5，最大氯离子含量为0.2%，最大碱含量为3.0kg/m³；水泥采用普通硅酸盐水泥，强度等级为42.5R。

（2）钢筋：受力筋主要采用HRB400级钢筋；箍筋和构造筋主要采用HPB300级钢筋。（吊环应采用HPB300级热轧光圆钢筋制作，受力预埋件的锚筋不得采用冷加工钢筋）

（3）钢构件：Q235、Q345钢材；钢材除注明者外，采用Q235-B。对于固定支架结构用钢（按焊接承重结构考虑），钢材应具有抗拉强度、伸长率、屈服强度、冷弯试验和硫、磷、碳含量的合格保证。

（4）焊条：HPB300钢筋之间、HPB300钢筋与Q235钢材之间、Q235钢材之间采用E43型焊条，焊缝质量等级为二级；HRB400钢筋之间采用E55型焊条，焊缝质量等级为二级。（不同等级钢筋焊接用较低等级焊条，钢筋的强度标准值应具有不小于95%的保证率）

（5）防水材料：初衬、二衬之间采用1.5mm厚EVA防水板，350g/m²土工布缓冲层。

4）场地地层构成

本次勘察20.0m深度范围，上部为填土层，其下为一般第四系冲积层，共分为五大层。场地地层自上而下描述如下。

（1）填土层

①层可包括①$_1$黏质粉土～砂质粉土素填土、①$_2$粉砂素填土及①$_3$杂填土。

①$_1$黏质粉土～砂质粉土素填土：黄褐色～褐黄色；稍湿；以砂质粉土、黏质粉土为主，局部揭露少量粉质黏土；夹碎石块、灰渣、砖渣、植物根等，局部可见贝壳；结构松散～稍密。该层最大揭露厚度4.40m。

①$_2$粉砂素填土：黄褐色～褐黄色；稍湿；以粉砂为主，局部揭露砂质粉土及少量粉质黏土；夹碎石块、灰渣、砖渣、植物根等；松散。该层最大揭露厚度4.20m。

①$_3$杂填土：褐色～杂色；稍湿；主要以粉土或黏性土夹杂砖块、碎石、粉砂为主，含灰渣、砖渣、水泥块等，局部夹少量建筑垃圾，由于绝大部分钻孔位于现状道路或人行道上，因此表层基本揭露为沥青路面或水泥砖块；结构松散；无层理。该层最大揭露厚度2.50m。

本大层厚度0.40～4.70m，层底标高45.93～50.45m。

（2）一般第四系冲积层

②粉细砂：褐黄色～黄褐色；含云母、石英、长石，局部揭露近砂质粉土；稍湿；稍密～中密。砂质不均，夹②$_1$黏质粉土～砂质粉土、②$_2$黏土、②$_3$粉质黏土～重粉质黏土层及透镜体。

②$_1$黏质粉土～砂质粉土：褐黄色～黄褐色；含云母、氧化铁，局部近粉砂，个别钻孔揭露，少量树根、姜石；稍湿～湿；中密～密实；中高～中压缩性。该层最大揭露厚度2.50m。

②$_2$黏土：褐黄色～黄褐色；含云母、氧化铁，局部含少量姜石；很湿；可塑；高～中高压缩性；土质不均。该层最大揭露厚度1.80m。

②$_3$粉质黏土～重粉质黏土：褐黄色～黄褐色，其中于37号钻孔3.8～5.5m埋深揭露该层为灰色；含云母、氧化铁，个别钻孔揭露含贝壳、有机质；很湿；可塑；高～中高压缩性；土质不均。该层最大揭露厚度1.70m。

本大层厚度1.00～4.70m，层底标高43.73～47.11m。

③细砂：褐黄色～黄褐色；含云母、石英、长石，局部钻孔揭露该层中下部含有约5%～15%的圆砾；稍湿；中密～密实。夹③$_1$黏质粉土～砂质粉土、③$_2$圆砾、③$_3$重粉质黏土～黏土薄层及透镜体。

③₁黏质粉土~砂质粉土：褐黄色~黄褐色；含云母、氧化铁，局部近粉砂；湿；密实；中低~中压缩性。该层最大揭露厚度1.00m。

③₂圆砾：杂色；稍密；稍湿；一般粒径0.5~2.0cm，卵石含量约15%；颗粒呈圆形~亚圆形，细、中砂填充。该层最大揭露厚度0.90m。

③₃重粉质黏土~黏土：褐黄色~黄褐色；含云母、氧化铁；很湿；软塑~可塑；高~中高压缩性；土质不均。该层最大揭露厚度0.60m。

本大层厚度2.60~8.60m，层底标高38.04~42.73m。

④卵石：杂色；密实；一般粒径2~6cm，最大粒径超过10cm，卵石含量约60%；颗粒呈亚圆形，中粗砂填充。夹④₁圆砾、④₂中粗砂薄层及透镜体。

④₁圆砾：杂色；密实；稍湿；一般粒径0.5~2.0cm，卵石含量约20%；颗粒呈圆形~亚圆形，粗砂、砾砂填充。该层最大揭露厚度1.90m。

④₂中粗砂：褐黄色；含云母、石英、长石，含有约5%~15%的圆砾；湿；密实。该层最大揭露厚度1.20m。

部分钻孔揭穿本层，最大揭穿厚度7.0m。

⑤卵石：杂色；密实；一般粒径3~8cm，最大粒径超过10cm，卵石含量约70%，颗粒呈亚圆形，中粗砂及砾砂填充。

5）结构计算

本管廊工程所在地层围岩分级为Ⅳ级，且埋深小于1倍开挖跨度，为超浅埋暗挖工程，拱顶土压力计算按全部土柱荷载考虑。竖向荷载包括结构自重、顶板覆土荷载、地面活荷载、水浮力及管廊恒荷载，水平向荷载包括水土侧向荷载（水土分算）和由地面超载引起的侧向荷载。

本工程采用midas Gen软件建立二维荷载—结构法计算模型。荷载结构模型认为地层对结构的作用只是产生作用在地下建筑结构上的荷载（包括主动地层压力和被动地层抗力），衬砌在荷载的作用下产生内力和变形，采用土弹簧模拟土体对结构的约束作用，对结构在不同工况下的内力进行包络分析。

6）防水设计

本工程结构采用模筑抗渗混凝土及全外包柔性防水板联合防水。为保证防水层敷设质量，喷射混凝土基面平整度应控制在1/8以内，并应保证基面无利物以防刺破防水层。材料封闭后应对其搭接质量进行检查，除保证基面平整顺直外，还应进行接缝充气检查（0.12~0.15MPa保持5分钟不漏气），对不合要求的接缝应进行修补，直到满足要求。管廊底板外侧防水板上部铺设70mm厚C15细石混凝土保护层。

4.3.3　附属工程

1）消防专业

（1）火灾危险等级

由于该小区为老旧小区，楼间距较小且局部楼栋有地下结构等，管廊断面受限。同时考虑到项目投资，该小区综合管廊实施时，燃气管及雨污水管未入廊。

因此，综合管廊舱室内管线为阻燃电力电缆、通信线缆、热力管道及给水管道。当舱室内敷设两类及以上管线时，舱室火灾危险性类别应按火灾危险性较大的管线确定，因此综合管廊舱室火灾危险性类别为丙类。

（2）灭火器设计

由于老旧小区内综合管廊服务范围仅限于小区内，小区内电缆电压主要为380V。因此考虑服务范围、火灾后的影响、工程造价等因素，建设时，综合管廊可不设自动灭火系统，但应设置手提式灭火器。

结合本工程综合管廊管线类型，管廊内火灾类别为A类（固体物质火灾）或E类火灾（物体带电燃烧火灾）。

根据《建筑灭火器配置设计规范》GB 50140—2005，A类火灾场所应选择水型灭火器、磷酸铵盐干粉灭火器、泡沫灭火器或卤代烷灭火器。E类火灾场所应选择磷酸铵盐干粉灭火器、碳酸氢钠干粉灭火器、卤代烷灭火器或二氧化碳灭火器，但不得选用装有金属喇叭喷筒的二氧化碳灭火器。因此管廊内灭火器选用手提式磷酸铵盐干粉灭火器，最大保护距离按不少于20m进行布置。根据灭火器保护距离，一个计算单元内灭火器至少为2具。

灭火器应设置在位置明显和便于取用的地点，且不得影响安全疏散。对有视线障碍的灭火器设置点，应设置指示其位置的发光标识。

灭火器的摆放应稳固，其铭牌应朝外。手提式灭火器宜设置在灭火器箱内或挂钩、托架上，其顶部离地面高度不应大于1.50m，底部离地面高度不宜小于0.08m。灭火器箱不得上锁。

（3）火灾自动报警系统

本小区综合管廊内设置火灾自动报警系统，并应符合下列定：

在舱室顶部设置感烟火灾探测器，在电力电缆表层设置线型感温火灾探测器。

设置防火门监控系统，发生火灾时，防火门监控器应联动关闭常开防火门，消防联动控制器能联动关闭着火分区及相邻分区通风设备系统。相关的火灾自动报警系统设计应符合现行国家标准《火灾自动报警系统设计规范》GB 50116的有关规定。

设置火灾探测器的场所应设置手动火灾报警按钮和火灾警报器，手动火灾报警按钮处宜设置电话插孔。

2）通风专业

由于本项目地下管网条件复杂，小区道路两侧建筑密集、用地紧张，管廊的进、排风口位置需考虑地面建筑情况，不能随意布置，因此设计时通风宜采用机械进风+机械排风方式。

（1）设计气象参数

廊外：按冬夏季通风室外计算温度。

廊内：空气温度不大于40℃；人员巡视前，还应检测氧含量。

（2）通风量及风压

根据《城市综合管廊工程技术规范》GB 50838—2015的要求，除天然气舱室外的其他舱室，正常通风换气次数不应小于2次/h，事故通风换气次数不应小于6次/h。当管廊纳入散热量较大的电缆、供热管线时，管廊通风量还应按消除入廊各种管线散发余热的通风量进行校核，按两者中的较大值确定设计通风量。

综合管廊本体由混凝土构成，埋于地下，密闭性好，作为通风管道，表面光滑，相比通风系统局部阻力，沿程阻力很小，几乎可以忽略不计。

管廊通风的局部阻力主要可以分为进风口阻力与排风口阻力，进风口主要阻力构件为进风百叶、进风井前后的突缩与突扩及其防火阀件；排风口主要阻力构件为排风井口处突缩及防火阀件、排风机、排风出口及百叶。

由于综合管廊布置于小区道路下方，风亭紧邻居民建筑，为《声环境质量标准》GB 3096中1类声环境功能区，对防噪声要求较高。正常通风时，通风入口、出口百叶风速应严格控制在3m/s左右（按实际有效面积计）。事故通风时，风口速度应控制在15m/s以下（按实际有效面积计）。

（3）通风系统设备布置

综合管廊通风系统设备及设施主要包括风机、防火阀、止回阀、百叶等。

为保证综合管廊内部空气的质量及气流组织顺畅，综合考虑节能环保要求，在满足功能性要求的前提下，应选择高效节能的通风设备。

考虑到管廊舱室发生火灾时，密闭灭火对自动关闭风机及阀门、火灾后开启风机及风阀排烟的要求，上述舱室的排风机应采用耐高温排烟风机，排风机入口阀门应采用动作温度为280℃的电动排烟防火阀，送风机出口阀门应采用动作温度为70℃的电动防火阀。防火阀与对应风机联锁。

为保证综合管廊灭火后能有效排烟，应选择能在280℃情况下连续有效工作不低于0.5h的消防高温排烟专用风机。

为防止室外环境影响管廊，在风机出口设置止回阀。

综合管廊出地面的风口应综合考虑防噪声、道路景观、防雨、防淹等方面的要求进行设置。本项目风口设置在道路绿化带或道路外绿地内，采用消声防雨百叶，百叶底部距地面应有一定的距离，以降低雨水倒灌风险。同时，百叶面积还满足《城市综合管廊工程技术规范》GB 50838—2015对设计控制风速的要求。为防止小动物入侵及杂物通过百叶进入综合管廊，综合管廊的通风口处设置网孔净尺寸不大于10mm×10mm的金属网格。

（4）通风系统控制方式

为确保综合管廊正常运行时及火灾后的通风，设计由综合管廊监控中心对管廊内环境参数进行监测与报警。监测参数主要包括舱室内空气温湿度、有毒有害气体浓度、氧气浓度、火情等。在正常工况、事故工况或火灾情况下，及时有效地启动相应的通风模式，控制管廊内环境质量，减少人员及财产损失。通风系统控制则通常采用手动与自动两种方式。

高温报警通风：当人员在综合管廊内工作时，空气温度不得超过40℃。为使管廊内的环境温度控制在设计要求范围内，采取温度监测设施。一般设置为：当综合管廊内空气监测温度超过38℃时，自动或手动开启本通风分区内的通风设施，消除管廊内余热。当综合管廊内空气监测温度降到35℃时，关闭本通风分区内的通风设施。

巡视检修通风：综合管廊是相对封闭的地下空间，废气的聚集、人员及微生物的活动会造成氧气含量降低，当有人员进入管廊时，需先开启相应的通风设施，确保监测仪表显示的数据在安全范围内（一般氧气监测缺氧报警值设定为19.5%，富氧报警值设定为23.5%），以保障巡检工作人员的健康安全。

火灾后通风：当电力电缆与供热管道同舱布置，考虑到电力电缆一旦发生火灾影响范围广，后果非常严重，因此发生火灾时应能及时关闭通风系统，火灾后通过机械排烟系统排除综合管廊舱室内的有毒烟气。舱室发生火灾后，通风控制流程一般为：当确认管廊某一防火分区发生火灾时，由综合管廊监控中心确认综合管廊内无人且该防火分区两端的防火门处于关闭状态。待确认后，即刻自动关闭所有运行的通风系统。确认火灾结束后0.5h内开启通风系统，进行灭火后的排烟。

3）电气专业

（1）概况

该小区建筑群主要分为甲、乙、丙3个片区。办公场所主要集中在甲区，甲区除1栋为高层建筑外，其余均为多层建筑；乙区为3栋高层住宅及其地下配套设施；丙区主要是住宅区，其中6栋为高层建筑，其余为多层建筑，另设有一处幼儿园。

小区内甲区、乙区和丙区共设3座变电所，其中，甲区变电所为办公区各建筑供电。甲区、乙区2座变电所为甲、乙区住宅及配套设施供电。

由于小区建成时间长，加之地下敷设的给水、排水、供暖、高低压电缆、安防、消防、通信光缆、有线电视、天然气、路灯等管线建设时间不同，各种新老管道相互交叉、杂乱无序，经常出现各种故障，因此采取何种线缆敷设方式是小区电气改造的关键。

（2）电力系统改造

由于随着建设时间的推移，该小区变电所变压器及开关都有不同程度的绝缘老化，存在各种安全隐患，本次改造将甲区、乙区和丙区3座变电所内电气设备全部更换，大大提高了小区供电的可靠性。

该小区低压电力电缆均采用直埋敷设，截面小且部分为铝电缆。发生停电事故后，查找事故原因困难，停电时间长，导致小区供电有极大的安全隐患。管廊建成后，主干线电缆在管廊支架上敷设，至每栋单体建筑采用直埋敷设方式，这样可提高电力电缆运行的可靠性、安全性和使用寿命，且便于运营维护管理。

电力电缆直埋敷设时，埋深不小于0.8m，尽量敷设于人行道或绿化带内。

（3）弱电系统改造

现状小区消防系统、安防系统及停车管理系统设备均未集中设置，为了便于物业统一管理，本次改造需将小区内各弱电系统进行整合，将信号引至新建监控中心智慧管理平台上。

监控中心不仅可通过运营平台系统对管廊内沉降收敛监测、气体感应、烟雾感应、液位感应、压力（热力）感应、温湿度感应、智能照明、视频监控、智能井盖等进行实时监控管理，还可对住宅区域消防、安防系统、停车管理系统进行实时监控。

（4）综合管廊土建部分的电气设计

包括综合管廊内配电系统、电力系统、照明系统、安全措施及接地系统、火灾自动报警系统、通信系统、视频监控系统及环境控制系统等。

综合管廊管线众多，特别是交叉位置比较非常复杂，在设计初期需进行廊内管线综合，用BIM软件制作效果图，确定电力管线及配电箱（柜）的空间位置，这样才可以更好地防止其和电缆线槽的位置出现冲突。

4）排水专业

本项目综合管廊内主要包括电力、通信和供水、热力等管线。综合管廊内需考虑的排水主要包括供水管道连接处的漏水、供水管道事故时的排水、供热管道渗漏和事故排水、综合管廊内冲洗水、综合管廊结构缝处渗漏水、综合管廊开口处漏水。

通过对上述需排水进行分析，除供水管道、供热管道事故时的排水，其余工况需排水水量均不大，仅供热、供水管道事故时需排放的水量较大。虽然在工程设计中已考虑了供热、供水管道事故时的管道阀门关闭措施，但还有相当部分水量需排放，这部分水量比其他工况水量大。若按供热、供水管道事故排水水量设置排水泵，排水泵规格将十分巨大，而平时是不用的。在供热、供水管道事故时，除在工程设计上考虑了减小事故水量的措施外，再考虑供热、供水管道事故时的外部协助排水。另外，供热、供水管道管材采用钢管，发生事故的可能性较小。因此，本项目计算排水水量时，未考虑供热、供水管道事故时的工况排水量。

（1）集水坑布置

根据管廊纵断及防火分区，设计在各个防火分区和各个十字路口设置排水集水坑，在各个集水坑内设置潜水泵，排除各自防火分区和十字路口的积水。

每处集水坑均设置两台潜水泵，平时为一用一备，事故时可两台同时启动。

事故排水时，排水泵预留位置应有取用方便、可靠的电源。综合管廊和十字交叉口内设置排水沟，综合管廊横断面地坪以1%的坡度坡向排水沟，排水沟纵向坡度与综合管廊纵向坡度一致，但不小于3‰，排水沟坡度坡向排水集水坑，排水沟和集水坑按防火分区设置。每个集水坑均收集各自防火分区内排水。各防火分区内排水沟均不连通。

（2）设备选型

本项目供热管道入廊，因此排水潜水泵耐温不小于80℃。潜水泵采用固定自耦式安装。排水潜水泵开启方式为开阀启动，因此在排水潜水泵出水管上安装小阻力止回阀和检修手动阀门，排水出水管出综合管廊后就近排入雨水系统。排水泵的开停采用液位开关自动控制，排水集水槽内高水位时排水潜水泵自动开泵，低水位时自动停泵。

潜水泵流量可按20~30min内排除集水坑中的积水选用。潜水泵流量不宜过大或过小。流量过大，潜水泵启停频繁；流量过小，当大量来水时，积水短时间内无法排除干净。

潜水泵扬程与积水提升高度、管道沿程阻力及阀门、附件等局部阻力有关，并考虑1.1~1.2倍的预留系数。

（3）管材及管件

压力排水管采用无缝钢管焊接连接，工作压力0.6MPa。钢管焊缝处涂刷二道防锈漆，并包扎纤维布一道后，再刷石油沥青二道。管廊外直埋敷设，廊外排水管道管顶覆土不得小于最大冻土深度。廊外排水管道及安装在集水坑内的管材和构件表面采用加强级防腐，即底漆—沥青—玻璃布—沥青—玻璃布—沥青—玻璃布—沥青—聚氧乙烯工业膜，总厚度不小于5.5mm。

压力排水管阀门采用钢制阀门，工作压力0.6MPa，承压1.0MPa。

（4）标识系统

本项目综合管廊全长1.1km，管廊为单舱管廊，主要设计内容为地下综合管廊及其附属构筑物的标志标识系统。

管廊内部应设置控制设备标识，附属设施如逃生口、通风口、管线出舱口等的标识。附属设施标识带有编号。

管廊内部的各专业管线指示：布置在管廊内部的各专业管线，除应通过管道本身的材质、颜色进行区分外，还在每个防火区间内一定距离处，设置铭牌及标识，并标明管线属性、规格、产权单位名称、紧急联系电话。标识设置在醒目位置，间距不应大于100m。

综合管廊的主出入口内应设置综合管廊介绍牌，并应标明综合管廊建设时间、规模、容纳管线。

综合管廊内部应设置里程标识。交叉口处设置方向标识。

综合管廊内部应设置"禁烟""小心碰头""小心脚下""当心触电""小心火灾""灭火器材""禁止明火作业"等警示标识。

4.3.4　入廊管线

1）热力专业

（1）供热系统现状

目前小区总供暖面积30多万平方米，分别为甲、乙、丙3个片区及幼儿园片区，现状共有7座独立燃气锅炉房。其中，甲区有2座燃气锅炉房，分别为大锅炉房和南锅炉房；乙区共有3个单体建筑，每个单体楼顶设置1个燃气锅炉房；丙区有1座独立燃气锅炉房，幼儿园片区有1座独立燃气锅炉房。

（2）供热系统改造内容

甲区的大锅炉房和南锅炉房全部取消，改为由东区换热站供热；丙区燃气锅炉房和幼儿园片区燃气锅炉房、乙区燃气锅炉房改为由西区换热站供热，将整个院区供热纳入市政供热系统。

由于燃气锅炉房取消和新增换热站，需增加部分热力一次管线（从市政热力管线接口至各换热站），另因供热区域合并导致增加部分热力二次线（从换热站至各热用户的管线）。

（3）典型问题分析

由于本项目是全国首个在老旧小区改造中采用综合管廊更新改造地下管线的项目，有很多问题是原来市政管廊中没有出现的问题，例如需要设置多个热力出线口与周围建筑内的采暖管道连接问题；为了节省造价、尽量减少出线口，与给水专业、电力专业合用出线口问题；老旧小区供热管线与现有市政一次热力管线连接时，如何在管线复杂、车流量巨大的市政道路上设计施工等问题。本节将结合小区地下管线更新改造项目，阐述几个实际设计过程中的典型问题，进行分析比较。

①设置热力出线口位置分析

老旧小区改造中，综合管廊热力出线口的位置不仅要满足连接建筑单体内原有采暖管道的需求，还要结合管廊内热力管道的布置走向情况设置，同时要尽量降低造价。此外还要保障现有管线正常运行，避免管廊出线口在施工过程中影响建筑单体内的采暖系统正常运行、影响正常办公及生活，所以应尽量减少热力出线口的数量，同时应将热力出线口设置在建筑单体采暖接口集中的区域。

设计之初，在不考虑造价、实施难度等理想情况下，总出线口数量多达32个，多处出线口位置相距不到15m，最小距离不足3m，还有个别出线口只是由于两个建筑单体分别在管廊的东西两侧，而设立了两个出线口，由此可以看出，多个出线口有优化的空间，可将相近相邻的出线口合并为一个出线口。

结合现场实际勘测情况，原设计的出线口位置，有多处存在管线障碍，不具备施工条件，经与测绘图纸结合分析，优化管廊布置。优化后，热力出线口为11个，减少一半以上。热力管线经出线井上翻后，直埋接入各建筑单体内。

综上，将管廊作为老旧小区地下管线改造更新方式时，应对热力管线出线口数量尽可能优化，并与其他管线出线口综合布置。

②热力出线口与水、电管线合并

根据以上分析，由于老旧小区改造具有自身特点，在保证正常施工的同时，还要保证现有管线正常运行，不影响大院内居民及工作人员的正常生活办公。为了降低造价和施工难度，热力、给水、电力等各专业管线出线口，数量都要尽量少，优化综合布置。而本项目根据老旧小区的特殊情况，取消了中隔墙，左右两舱合并为一个舱室，有利于管廊内管线布设，并为热力、给水、电力管线合并出线口创造了条件。所以可将两种及两种以上管线从同一个出线口布出，以此减少出线井数量，同时满足用户需求，解决现场出线口无法按原设计实施的问题。下面以办公区南侧的R5出线口为例加以论述。

办公区位于院内东侧，其中的办公主楼、南配楼、人防指挥部等建筑单体位于办公区的南侧，结合管廊布置及单体位置，将办公主楼、南配楼、人防指挥部的热力出线口合并为一个，即R5出线口。这3个楼的给水管和电力管也需从R5出线口附近出线，所以将3个专业的管线合并，均从R5出线口布出。则R5出线井有两

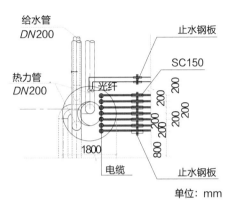

图4-16　圆形井出线图

根DN200的热力管，一根DN200的给水管，14根SC150的电缆和四根光纤管，出线管的数量多且管径较大，所以原设计的内净空直径为1.8m的圆形出线井无法满足施工安装要求，如图4-16所示。

出线井内仅能放置管线，而不能满足出线套管和安装的要求，为了解决以上问题，在集中出线标高处设置矩形出线小室，如图4-17、图4-18所示。

综上，在老旧小区内设置综合管廊的出线口时，应充分论证各专业的出线位置，并将可合并设置于同一出线口的管线设置在合用出线口，当合用出线口布线困难时，可利用扩大端小室布置管线。

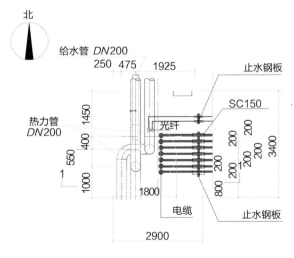

图4-17　出线小室平面图

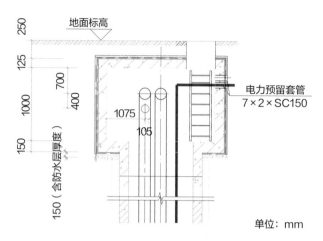

图4-18 出线小室剖面图

③支管阀门设置位置问题

根据《城镇供热管网设计标准》CJJ/T 34要求，热力网管道干线、支干线、支线的起点应安装关断阀门。同时根据《城市综合管廊工程技术规范》GB 50838要求，压力管道进出综合管廊时，应在综合管廊外部设置阀门，一般应在综合管廊外部设置阀门井，将控制阀门布置在管廊外部的阀门井内。

由于老旧小区内综合管廊不同于市政道路上的管廊，小区内的管廊长度较短，支线数量较多，且小区改造的管廊内不仅有热力管，还有其他专业管线，如电力、电信给水管等。在供暖期内，一旦热力管线漏水，管廊内将布满蒸汽，会对管廊内其他管线的正常运行造成影响。考虑到阀门是热力管线中的薄弱环节之一，故本项目将所有的分支阀门设置在廊外的分支阀门井内。

（4）管廊内热力管线泄漏监测问题

由于本项目位于老旧小区内，整个热力管网线路复杂，系统庞大，为了减少后期运行过程中的检修维护工作量，同时应甲方要求，设计了管网监测系统。

2）给水专业

（1）管材选择

本项目给水管道的管材选择，主要考虑的是保证给水管道的耐腐蚀性以及永久性，降低给水管道在供水过程中所产生的滴漏损耗，方便后期运行维护，预防工程产生二次污染。

为便于施工、维护，同时综合项目特点、投资，本项目选用外镀锌、内衬塑钢管。

（2）连接方式

沟槽式连接一般适用于DN400以内的管道，沟槽管件连接方式不会破坏管道内防腐涂层，并具有独特的柔性，使管路具有抗震动、收缩和膨胀的能力，与焊接和法兰连接相比，管路系统的稳定性增加，更适应温度的变化，也减少了管道温度应力。另外，沟槽式连接操作简单、施工效率高，所需操作空间小，便于管廊内管道日后维修和更新。

由于本项目管道为DN200，且选用的是外镀锌、内衬塑钢管，因此采用沟槽式连接。

（3）支架布置及做法

本项目综合管廊长直段不长，温度引起的管道形变很小，可利用管道自然转弯或上、下翻弯使直线管段的温度变形得到释放，因此可在直线管段中间设置固定支墩，直线管段上的其他支墩采用滑动支墩。

本项目入廊的给水管径不大，滑动支墩的形式采用鞍形（或称弧形）支座，其受力合理，且制作施工比较简单。设计在钢支座底部平板与预埋在混凝土支墩顶部钢板之间设置有聚四氟乙烯滑动摩擦副，允许纵向水平滑动且摩擦系数较小。

4.4 项目特色技术

4.4.1 绿色施工技术

1）井口施工棚降噪技术研究与应用

本工程施工环境较为特殊，周围行政办公用房、居民住宅、车辆行人非常密集，需要严格控制施工噪声。因此，在课题开展过程中，联合厂家定制防护罩棚，在罩棚内部加设吸声棉，且墙体内侧结构为波浪形，有效增加了噪声在罩棚内部的折射次数，减少了噪声对外扩散；通过在井口搭建施工棚防噪设施，外墙及内中隔墙使用吸声棉等措施，目前已取得显著降噪效果（图4-19）。

图4-19 防尘降噪施工棚外形及墙体断面

2）渣仓防尘技术研究与应用

在浅埋暗挖法施工隧道的过程中，渣土由竖井提升至渣仓，土方的转移会产生大量扬尘，因此在竖井施工棚内设置封闭渣仓及自动喷淋装置，采用钢隔板与其他各室区域分隔开。借助自动降尘装置，在烟尘较大时，打开储水设施进行喷淋，达到降尘的目的。渣仓封闭及自动喷淋装置如图4-20所示。

自动喷淋装置

图4-20 渣仓喷淋系统

3）效果总结

通过研究并运用老旧小区地下管线更新改造综合管廊绿色施工技术，本工程施工区域内扬尘噪声得到了有效控制，文明施工程度较高，未因环保问题受到外部单位及监管部门投诉和处罚，得到了小区内居民及业主的认可。

4.4.2　智能交通引流技术

1）老旧小区智能交通引流技术介绍

采用CSCEC智能导流系统旨在对施工工程中造成的交通堵塞起到警示和导流作用。为了减少交通的荷量，使车辆在通行过程中可预判和提前规划通行路线，保证道路畅通。

CSCEC智能导流系统对交通状态进行自动判别与预警，通过摄像头实时监控各路段及关键节点，智能分析施工车辆进入施工区域和离开施工区域的时间，自动判定"顺畅"和"拥堵"两种交通状态，并进行相应的报警提示。

本系统可用于交通拥堵报警、交通状态发布，为相关管理部门快速、准确地把握道路交通状态，提供了低成本、高效率的手段。CSCEC智能导流系统的应用可最大限度地减少道路车辆滞留现象，有效地缓减交通拥挤，实现对交通的最优控制，大大地提高了道路通行的效率。

2）老旧小区智能交通引流技术系统结构

（1）功能架构

功能上，CSCEC智能导流系统主要包括三个部分，分别为基础信息管理系统、车辆交通分析系统和信息显示系统。基础信息管理系统包括基础信息维护，车辆交通分析系统包括区域制定、智能分析并指定交通状态，信息显示系统包括交通状态的显示。

（2）技术架构

技术上，CSCEC智能导流系统是一个三层架构，即浏览器、服务器结构和末端信息采集器。采用JavaScript语言开发，对后台数据操纵程序进行细节封装，并提供安全调用接口。WEB应用程序通过接口访问系统服务，执行用户操作并返回结果。

（3）设计流程图

详细流程如图4-21所示。

3）老旧小区CSCEC智能交通引流技术应用情况

目前，CSCEC智能交通导流系统的设备已全部安装完毕（图4-22），安装

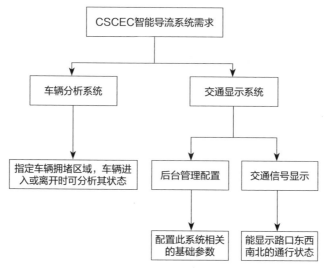

图4-21　CSCEC智能导流系统设计流程图

图4-22　CSCEC智能交通导流系统指示牌

位置在1号施工竖井位置和6号渣仓位置处路口，处于正常使用阶段且运行状况良好。这两个路口为此老旧小区关键路口，平时来往车辆较多，该系统的应用缓解了小区日常的交通拥堵，当施工车辆停留时，也很少导致交通堵塞，方便了小区内人员的出行，避免了不必要的麻烦，受到了小区居民与工作人员的一致好评。

4.4.3　建（构）筑物保护技术

1）老旧小区地下管线智能保护及改移技术

（1）技术简介

本工程周边管线如燃气、热力、雨污水、电力、电信等，分布错综复杂，新旧管线交替，管线保护难度极大，针对此问题，本项目研究三维扫描逆向建模技术，通过三维探测、数据处理、深化设计、方案对比和模拟，实现管线保护和改移。

（2）应用情况

本项目既有地下管线种类繁多，管线改移难度大。首先利用地质勘测和全站仪扫描对既有管线建立相应的既有管线BIM模型（图4-23、图4-24），并在模

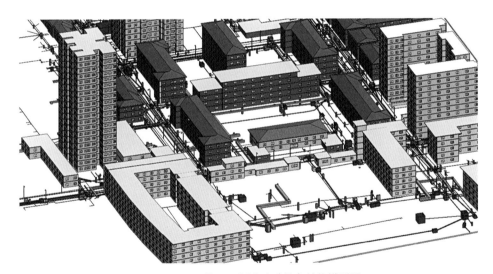

图4-23　施工区域内建（构）筑物模型图

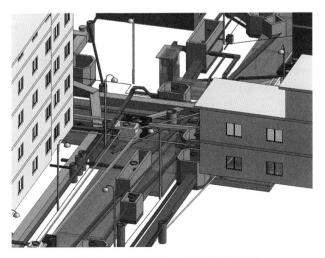

图4-24　施工区域内地下管线模型图

型中区分专业，此模型可以直观地表现既有管线埋布情况，明确管线位置，在施工过程中起到一系列辅助作用。

通过建立模型还可以准确地对既有管线数据进行分析，出具多个管线改移和出线口方案。通过对各个方案的分析、对比得出最终的改移区域、改移顺序、改移路径及竖井出口位置，最后对方案进行优化并出具改移深化施工图，这样可大大减少施工过程中的返工现象，缩短工期，简化施工流程，节约项目成本。

目前，通过此项技术优化了设计方案，调整了出线口、通风口、逃生口的位置，优化支线廊结构断面共计60余处，大大缩短了项目工期，节约了项目成本。

2）综合管廊浅埋暗挖施工影响的建（构）筑物沉降控制关键技术

（1）技术简介

根据地质勘查报告中的物理力学参数，采用室内物理模拟试验与数值模拟分析等方法，建立三维非线性大变形数值模拟，分析综合管廊施工对土体扰动的影响，对数值模拟分析结果进行分析总结，并根据结果进行预测，结合与现场施工过程中管廊周边临近建（构）筑物的沉降变形实测数据进行对比分析，确定实际地质条件的物理力学参数，总结得到经验公式，进而运用结论经验公式对土体扰动进行动态预测。

（2）应用情况

本工程利用软件结合自动化监测数据，对管廊关键断面日沉降量及累计沉降量进行统计分析（图4-25），如沉降量过大，施工现场相应地及时调整施工，

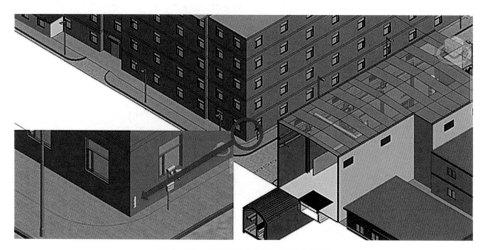

图4-25　利用软件模拟构筑物沉降

采取措施，有效防止了事故发生。

3）复杂环境综合管廊浅埋暗挖施工自动监测和控制技术

（1）技术简介

综合管廊主要沿院内现状小区道路布置，周边建（构）筑物距管廊较近，最近处仅1.2m。管廊周边房屋建筑新旧交替，最早的建设于1950年，多为砖混结构，纵横墙承重，现浇混凝土楼盖，屋顶多为木屋架顶，后期进行过增加构造柱的加固改造。

管廊施工易引发周边建（构）筑物不均匀沉降、变形及开裂甚至坍塌，因此必须对管廊施工影响范围内的周边建（构）筑物进行检测与风险评估。在管廊施工期间运用建（构）筑物自动监测技术，对受综合管廊施工影响的建（构）筑物及管廊主体结构进行监测。

自动化监测系统依托智能软件系统，建立分析变形预警模型，与短消息平台结合，当出现异常时，及时自动发布短消息到监测、施工管理人员的手机上，并且支持语音报警功能，以便启动相应的预案。

系统由传感器、数据采集装置、无线信号传输装置、中心信号接收和处理装置、机房及计算机软件系统组成。系统有开放的数据接口，通过专线或在网络带宽允许的情况下走公用互联网，可接入或远程查看，支持远程专家会诊。包括数据感知部分（监测各指标的各类型传感器）、数据采集部分（采集单元）、数据传输部分（有线、无线）、控制分析部分（监控中心软件、平台）。如图4-26所示。

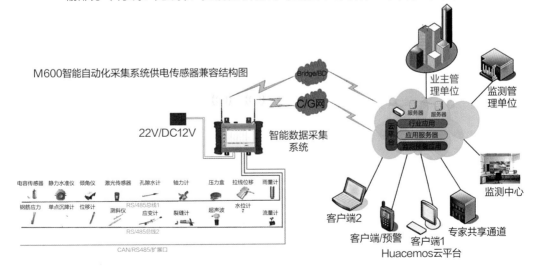

图4-26 自动化监测系统示意图

　　具体方法为，在建构（筑）物上设置实时同步监测系统采集点，采集数据，及时了解施工引起的沉降、位移、应力、变形、开裂等情况，对结构进行承载力评定及预变形分析，并采取措施严格控制。

　　结构承载力评定内容包括是否有较大差异沉降、倾斜和裂缝发展等。

　　监测及预警对象主要为建（构）筑物结构内部变形和应力变化、倾斜与不均匀沉降、典型裂缝的宽度与开展以及其他典型缺陷。管廊主体结构监测对象主要包括管廊结构收敛、拱顶沉降、变形等。

　　（2）应用情况

　　目前，本项目此项技术应用情况如下：

　　基于"在建筑物的四角（拐角）上，高低悬殊或新旧建筑物连接处，伸缩缝、沉降缝和不同埋深基础的两侧，每幢建筑物上不宜少于4个沉降监测点、两组倾斜监测点，每栋建筑物设置1个基准点，选在影响区范围外建筑物结构上"的原则，本工程周边建（构）筑物自动化监测布点情况如图4-27所示。

　　通过应用结构变形自动化监测系统，实现了对结构的沉降、倾斜、裂缝、温湿度、结构应力应变等指标变化进行连续监测，及时捕捉了结构形状变化的特征

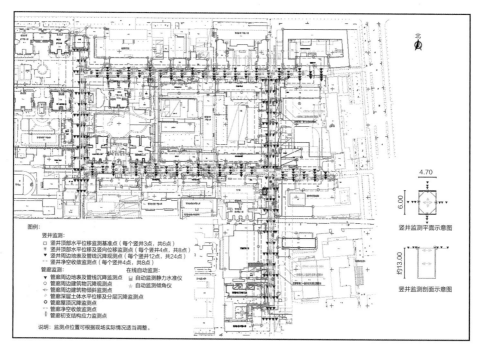

图4-27　管廊周边建（构）筑物自动化监测布点图

信息，并通过有线、无线两种方式将监测数据及时发送到监测中心（图4-28）。再由专用的计算机数据分析软件处理，对建筑物的变形情况进行判断，对超出警戒值的指标进行声、光、短信等形式的报警，利用自动化监测数据能更加准确、有效地掌握建筑的变形情况，为后期的加固改造等提供数据支持。

图4-28　自动监测平台

　　由于管廊埋深浅，距周边建（构）筑物距离近，穿越粉细砂层，对沉降变形及渗漏水控制要求严格，因此建立了智能实时监测系统来保证施工时的安全与质量。安装在施工现场的智能监测设备（图4-29、图4-30），能够对结构的沉降、倾斜、结构应力应变等数据指标变化进行连续监测，可将这些相关数据与BIM模型关联并在智慧建造系统中挂接。

图4-29　静力水准仪　　　　　　　　图4-30　接收端口

4.4.4　施工关键技术

1）老旧小区复杂条件综合管廊浅埋暗挖施工关键技术介绍

本工程地质条件特殊，岩土层分布主要为黏质粉土~砂质粉土素填土、粉砂素填土、杂填土，填土厚度为0.40~4.70m。该层土成分杂乱，均匀性及工程性质较差，未经处理不能作为直接持力层；地下水的分布、动态特征为，上层较少上层滞水，下部为潜水~承压水。地质条件复杂，同时受周边建（构）筑物的影响（距离最近的房屋建筑仅1.2m左右），为了保障小区内道路、地下管线及周边建（构）筑物正常使用，需要严格控制土体变形。因此，本项目采用小导管（部分采用长大管棚）超前支护加固管廊周围土体，将整个管廊断面分为若干个小断面进行顺序错位短距开挖，及时进行强力支护并封闭成环，形成由超前支护—拱顶初期支护—直墙初期支护所组成的、以封闭结构为单元的支护技术方法。施工过程中，加强对施工影响范围内的小区道路、管线及建（构）筑物的变形监测，及时反馈信息，调整支护参数。

运用数值模拟分析软件，根据设计图纸和现场实际量测情况，选取典型断面作为数值模拟分析断面；分析地质勘查报告中的岩土体物理力学参数，建立数值模拟计算模型，进行求解和分析，并对结果进行分析和总结，与工程实施过程中支护参数和土体、建（构）筑物变形监测数据等进行对比，得出经验公式，应用到工程施工过程中，指导工程施工。并及时进行参数调整，验证其合理性。进而推广应用到其他类似工程中。

根据上述工程施工过程，总结出一套完整的受周边建（构）筑物影响、需要严格控制土体变形的浅埋综合管廊暗挖法特殊施工工艺，并进行推广和应用。

2）老旧小区复杂条件综合管廊浅埋暗挖施工关键技术应用情况

（1）暗挖法管廊附属构筑物人工挖孔施工技术

①技术背景

城市地下综合管廊就是在城市地下建造一个隧道空间，将电力、通信、燃气、供热、给排水等各种专业管线集于一体，设有专门的检修口、吊装口、逃生口、出线口和监测系统，实施统一规划、统一设计、统一建设和管理，是保障城市运行的重要基础设施和"生命线"。

由于部分城市在建设初始缺乏统一规划，导致人口密集，地下管线设施布置错综复杂，新旧管线交替，严重影响了城市居民的生活品质和小区环境。在既有城市社区建设地下综合管廊，面临社区内环境复杂、建（构）筑物密集、地下管线错综复杂、地面行人车辆众多等问题，故采用浅埋暗挖法施工较为经济合理。

为保障"生命线"正常运转，高效合理地将各类入廊管线接驳至不同区域。管廊建设过程中，各类附属构筑物的设置必不可少。而在施工管廊支廊专业管线出口、逃生口、通风口的过程中，受现场场地面积、地下直埋管线等制约，合理规划场地、减少场地占用、提升施工文明程度、减少声光尘污染尤为重要。

采用人工挖孔结合暗挖法支廊施工综合管廊附属构筑物的施工方法，有效解决了管廊各类通风口、逃生口、出入口及出线口在狭小、人员密集场地内进行施工时面临的各种问题，为后续类似施工提供了借鉴经验。

②技术原理

综合管廊附属结构采用垂直方向人工挖孔+水平方向暗挖法小断面支廊组合的方式，先以预注浆、打设超前小导管等方式实现对施工区域土体的预加固处理，改善围岩状况。再分为两个工作面同时施工人工挖孔及暗挖法支廊至达到设计要求，提高施工效率。最终对人工挖孔及暗挖法管廊交会处进行节点处理，局部破除人工挖孔侧壁并利用钢筋格栅与预留钢筋连接，形成反做梁结构，实现受力稳定，实现综合管廊附属构筑物贯通（图4-31、图4-32）。

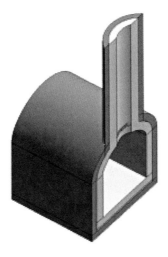 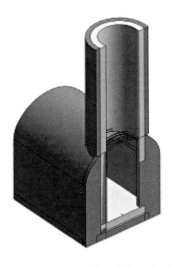

图4-31　人工挖孔局部破除示意图　　　　图4-32　局部格栅反做梁示意图

③应用效果

本项目采用了人工挖孔结合暗挖法支廊施工综合管廊附属构筑物施工工法，共施工强电出口10个、热力出口9个、弱电及给水出口10个、进排风口11个、逃生口1个，总计41个综合管廊附属建（构）筑物。解决了传统工艺施工占用场地大、土方开挖量大、对周边建（构）筑物扰动大以及机械占用率高的问题，提高了施工效率及文明施工程度，同时，有效保证了施工的稳定性和安全性，在节能减排、降本增效方面也发挥了重大作用，值得在行业内推广应用，有广阔的应用前景。

（2）浅埋暗挖法联络通道内正线隧道马头门施工工法

①技术背景

浅埋暗挖法是近十多年发展起来的一种新方法，凭借对地面建筑、道路和地下管网影响小，拆迁占地少，不扰民，对城市环境污染少等优点，该方法已在城市地铁、市政地下管网及地下空间的其他浅埋地下结构物的工程设计和施工中广泛应用，是目前较为先进的施工方法。

浅埋暗挖法应用的地下工程由于围岩自身承载能力很差，施工过程中必须严格遵循"管超前、严注浆、短开挖、强支护、快封闭、勤量测"的施工原则，避免对原状土体产生扰动作用，导致出现地表变形、路面沉降、塌陷并产生裂缝、临近建筑结构倾斜、地下各种专业管线破坏等问题。联络通道作为地下工程中部位之间的连通节点，其开挖距离往往较短，主要为人工开挖，采用浅埋暗挖法施工时必须要加强支护，特别是当破除联络通道侧壁马头门时更要保证施工作业的安全性。因此，在保证土体得到有效加固的基础上，如何加快施工速度，缩短施工工期，是联络通道施工中需要解决的问题。

②技术原理

对于浅埋暗挖法施工的平顶直墙联络通道，除了常用的支护与加固方式之外，采用在联络通道施工完成后架设三道相连的门字撑的方式，构成一个钢围檩结构，极大地加强联络通道的稳定性，预防土体沉降变形。同时，借助联络通道的稳定性，可先开一侧马头门，在综合管廊正洞初期支护结构形成封闭成环的稳定构造15m后，停止此正洞的施工，并临时封闭开挖面；然后再开另一侧马头门，同样封闭成环15m后，联络通道两侧便可同时开挖，这样可以加快施工进度，有效缩短工期。

③应用效果

该技术经过本项目实践和验证，在3处管廊联络通道（图4-33）处除了常用的加固方式外，采取架设门字撑（图4-34）的方式，使联络通道形成稳定结构后，进行两侧马头门先后破除，管廊正洞双向同时开挖，在有效保证施工安全性的前提下，提高了施工效率，缩短了施工工期，节约了施工成本，值得在行业内推广应用，有广阔的应用前景。

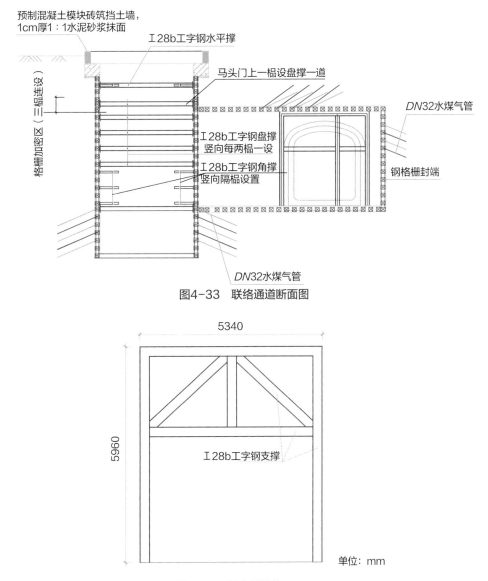

图4-33　联络通道断面图

图4-34　门字撑结构

（3）地下土层注浆加固过程中绿植保护施工技术

①技术背景

众所周知，在进行地下工程施工时，由于地下开挖会对周围岩土体产生扰动并引发地层变形和位移，降低工作面的稳定性，极易造成冒落、坍塌等事故，因此常常采用注浆的方式进行地层加固。注浆，又称为灌浆，是用一定材料配制成浆液，借助压送设备将其灌入地层或缝隙中，并以填充、渗透、压密及劈裂的方式使其扩散，待浆液胶结或固化，土体强度、抗渗性能、稳定性等即可得到大幅提高，能够有效提高地层的整体承载力以及工作面的自稳能力，达到防止工作面坍塌、控制沉降的目的。

若施工场地所在区域绿化程度高，树木数量多、高大茂盛，且其根系非常发达，在进行地下土层注浆加固时，容易触及树木根系范围，破坏树木正常生长的土壤环境，使树体衰弱甚至死亡。若采用移植方式保护树木，不仅不易操作，消耗大量的人力物力，且对树木的伤害更大，其死亡率高，也难以找到移植地点。

②技术原理

该技术主要是对注浆液的酸碱性进行改性，使其更加接近施工场地周边的土壤环境，并调整注浆参数，控制注浆的范围，尽量避免接触树木的根系，从而达到在保证土体加固的基础上保护绿植的目的。

结合地勘报告和现场试验得出施工场地的土壤pH和所选用的注浆液的pH，初步确定改性注浆液需控制的pH范围，选用合适的酸作为pH调节剂，经过公式计算和现场实际的调整确定注浆液和酸的最佳配合比。然后，根据土质情况和设计要求可以初步计算出注浆作业所需的注浆量和浆液扩散半径，通过现场试验调整注浆压力，确定最终的注浆参数。

③应用效果

本项目在初支开挖施工过程中，采取改性注浆液、调整注浆参数的方式进行注浆加固，通过定期对监控量测数据进行汇总整理，发现沉降量有效控制在10～30mm以内，符合标准要求；并且定期测量施工场区内树木，发现其均正常生长。施工过程中，该技术有效缩短了工期、降低了成本，经济合理，安全可靠，文明环保，在环境保护方面发挥了重大作用，值得在行业内推广应用，有广阔的应用前景。

（4）取消中隔墙

管廊原设计分为左右两个舱室，左侧为能源舱，右侧为水信舱。由于温控能够满足要求，取消管廊中隔墙分舱方案，优化施工图纸，提高施工效率。

（5）周边复杂建筑物环境条件下沉井施工技术

①技术背景

随着城市的建设发展，市政管廊工程的建设也日益频繁，且所处地下及地上环境愈加复杂，施工场地愈发狭小（图4-35、图4-36），安全文明施工要求日益提高。市政管廊工程所需的工作井、通风井，往往采用沉井法施工，当在富水砂层（高水位、深厚砂层）地质条件下施工沉井时，容易出现"流砂"问题，对周边环境（尤其是建筑物复杂时）将造成较大影响，风险较大。

图4-35　施工现场周边环境

图4-36　管廊断面

②技术简介

本技术在修建沉井的地面周边施工双排双管旋喷桩止水帷幕及降水井，后在开挖的浅基坑中制作开口钢筋混凝土井筒，施工全高或部分高度（分节时），达到一定强度后，在止水帷幕及降水井共同作用下控制地下水，并在此环境下用长臂机械在井筒内不断分层挖土、运土，随着井内土面逐渐降低，沉井筒身借其自重（或在外加荷载作用下）克服与土壁之间摩擦力及刃脚下土的阻力，不断切土下沉。采取分节制作，在井筒下沉过程中或下沉各个阶段中，逐节加高井筒，继续挖土下沉，如此循环往复，待井筒刃脚达到设计标高后，进行基底整形，浇筑混凝土垫层和钢筋混凝土底板封底（图4-37）。

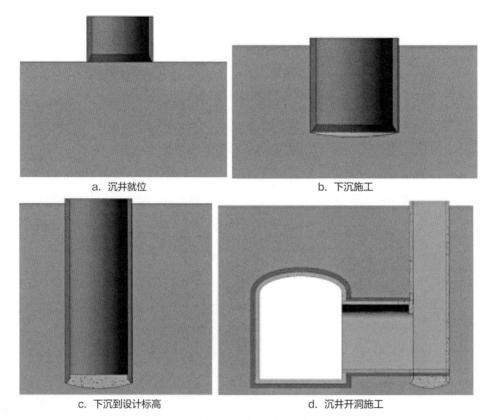

a. 沉井就位　　　　　　　　　　b. 下沉施工

c. 下沉到设计标高　　　　　　　d. 沉井开洞施工

图4-37　沉井施工顺序

③适用范围

本技术适用于高水位、深厚砂层地质条件下，对周边土体变形沉降要求严格的管廊工作（通风）井或其他市政工程的小型竖井施工。

④施工工艺流程及操作要点

施工工艺流程如图4-38所示。

⑤施工操作要点

a. 测量放线

根据交桩表，布置轴线控制网和水准控制网，并绘制测量控制布置图。根据设计施工图，先放出井身的轮廓线，根据轮廓线外放1m作为基坑底部施工平台空间，并按照1：1.5的坡度测设开挖至施工平台（2m深）的开挖轮廓线。

b. 施工平台开挖

采用机械开挖、人工配合的方式完成施工平台基坑的土方开挖；基坑开挖

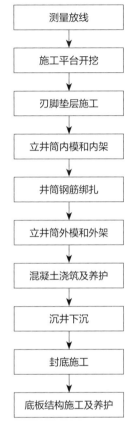

图4-38　沉井施工工艺流程图

土方采用自卸汽车运至弃土地点。基坑开挖时基底预留30cm，采用人工开挖修整。基坑底面的浮泥应清除干净并保持底面平整和干燥，在底部四周设置排水沟与集水井相通，集水井内汇集的雨水及地下水及时用水泵抽除，防止积水影响刃脚垫层施工。

c. 刃脚垫层施工

刃脚垫层采用砂垫层和混凝土垫层共同受力。垫层要有足够的厚度，以保证首节沉井制作时垫层不破裂。砂垫层采用加水分层夯实的办法施工，夯实工具为平板式振捣器。混凝土垫层表面应用水平仪进行校平，使之表面保持在同一水平面上。

d. 立井筒内模和内架

次楞（内龙骨）采用50mm×100mm木方，间距250mm，沿井壁两侧竖向布置，主楞（外龙骨）采用φ48×3.5双钢管，间距500mm，穿井壁螺栓采

用 ϕ 14止水连接拉螺杆连接，止水片尺寸为100mm×100mm×3mm，间距500mm×500mm布置，确保连接牢靠。操作架分为内架与外架，均采用双排架，架体排距0.9m，纵距0.9m，步距1.2m。采用 ϕ 48×3.5的无缝钢管搭设，管材的尺寸采用1.5m、3m和6m三种规格，根据构筑物的尺寸组合搭设。

由于顶管沉井高度达9m左右，井身混凝土分两节浇捣，首节高6m，内模同样分两节安装。刃脚踏脚部分的内模采用砖砌结构，宽度与刃脚同宽。

e. 井筒钢筋绑扎

钢筋绑扎完成后，应上报监理工程师进行隐蔽验收。隐蔽验收合格后，方可立外模。

立井筒外模和外架钢筋绑扎验收后，应架立外模和外架。井壁内、外模用止水固定拉螺杆，两端设置铁片控制井壁厚度尺寸。

f. 混凝土浇筑及养护

混凝土浇筑采用汽车泵直接布料入模的方法。每节沉井浇混凝土分段对称均匀、连续进行，防止倾斜、裂缝产生，一次完成，不得留置施工缝，刃脚部位必须浇捣密实。井节之间施工缝设置止水钢板，在后续浇筑时将连接处的混凝土凿毛，并用水清洗干净，浇捣时先用1:2的水泥砂浆坐浆，然后轻倒第一层混凝土并振捣密实，以免形成蜂窝，影响沉井的质量。在混凝土浇捣过程中，还应做好混凝土的试块工作，保证质量保证资料完善。在井身较短及条件允许的情况下，也可根据情况作一次浇筑。

拆模时，螺杆洞位置凿成20mm深、直径40mm的喇叭形，用焊机将螺杆外露部分割除，用水冲洗湿润后用1:2防水砂浆喂入孔内灌满，严禁空孔。外模支架必须稳、牢、强，保证在浇捣混凝土时，模板不变形、不跑模。

混凝土浇捣完成后应及时养护，采用覆盖浇水法养护。在养护过程中，对混凝土表面需浇水湿润，严禁用水泵喷射而破坏混凝土。养护时应确保混凝土表面不会发白，至少养护7天以上。

养护期内，不得对混凝土表面加压、冲击及污染。在拆模时，应注意时间和顺序。拆模时间应控制在混凝土浇捣后的1~2天内，过早或过晚拆模对混凝土的养护都是不利的；拆模顺序一般是先上后下，应小心谨慎，以免对混凝土表面造成破坏。对于分段浇捣混凝土部位，应保留最后一排模板，利于向上接模。混凝土浇捣完成后应及时养护，养护方法可采用自然养护和覆塑料膜。

g. 沉井下沉

需待混凝土强度达到设计要求后，方可开始挖土下沉。下沉时，应先凿除刃脚下的混凝土垫层及砖砌内模。

沉井下沉施工应按"先中后边、分层对称取土、先高后低、均匀缓慢下沉、及时纠偏"的原则进行操作。

挖土工具采用反斗式长臂挖机，挖土并吊出井外。挖土前要先调整好挖掘机的位置，并在沉井外壁周围弹水平线，在沉井外壁四角挂设线坠；挖土时应分层对称均匀进行，先在沉井中间开始挖、掘取土，每层约40～50cm，形成锅底；然后沿井壁向刃脚方向逐层全面、对称、均匀取土下沉，当土层经不住刃脚的挤压而破裂，沉井便在自重作用下均匀垂直挤土下沉，并不产生过大倾斜。井壁外的灌砂必须均匀充实，使沉井下沉时四周摩阻力相近，均匀下沉。

施工中禁止深挖，防止沉井突沉造成沉井倾斜的危险。沉井下沉时，应防止倾斜，发现问题及时纠偏，若沉井下沉有困难，应另外想办法。沉井挖土采用三班制进行连续作业，中途不停顿，确保沉井连续、安全地下沉就位。弃土应离沉井较远，避免造成沉井受到偏压，使沉井倾斜。

在施工过程中及时做好各项施工监控工作，特别要注意对在沉井下沉影响范围内的地面构筑物和地下管线进行沉降观测和现场监护。

沉井下沉接近基底标高约50cm时，应暂停挖土，待下沉较为稳定时，再继续挖，至设计标高以上10cm左右停止挖土，其后让沉井依靠自重下沉到位，防止超挖超沉；沉井下沉到位稳定后应马上进行封底。

雨天施工，应加强井四周的排水措施，防止雨水浸泡沉井降低井外壁摩阻力，从而导致沉井下沉过程中发生突沉或大幅倾斜。

沉井下沉过程中应加强观测，出现倾斜、位移及扭转等情况及时采取措施纠正：

加强沉井过程观测和资料分析，发现倾斜及时纠正。如沉井已经倾斜，可采取在刃脚较高一侧加强挖土并可在较低的一侧适当回填砂石，使偏斜得到纠正。待其正位后，再均匀分层取土下沉。

从倾斜高起的一端，或从土质硬的一端挖土，同时向土质软的一端递减挖土深度，逐渐开挖，使沉井两端基本保持在同一水平面上，这样沉井就由倾斜逐渐摆平。

位移纠正措施：一般是有意使沉井向位移相反方向倾斜，再沿倾斜方向下沉，至刃脚中心与设计中心位置吻合时，再纠正倾斜，因纠正倾斜重力作用产生的位移，可有意向位移的一方倾斜，使其向位移相反方向产生位移纠正。

如遇刃脚局部被大石块或其他障碍物搁住，则应在分析具体情况后，适当配合人工，取出障碍物后再施工。

增加偏土压或偏心压载进行纠偏：在沉井低的一侧回填砂土，进行夯实，使低的一侧产生较大的偏土压，而在高的一侧挖除部分土体，使两边的土压力差值加大，可以达到沉井纠偏目的。

h. 封底施工

沉井在下沉过程中，必须随时测定沉井标高，确保均匀下沉，并做好沉井下沉记录。沉井下沉至设计标高后，应先清除表面杂物，超挖的土方必须用碎石夹砂填实，不得用土填，井内不得有积水，并确保井点的正常工作，不允许停泵，同时加强对水位的观测，满足降水要求，地下水位必须距离垫层50cm以下。

当沉井在8 h内的累计下沉量不大于10mm时，方可铺设碎石层及浇捣素混凝土垫层。在铺筑碎石层时，应确保井底内无积水、无流砂、无翻浆等。碎石层应做到平整，无坑塘，必要时用水平仪抄平，保证碎石层水平。碎石层铺筑完成后，即可在其上浇捣素混凝土垫层。在铺筑素混凝土垫层后，应保证表面平整，无地下水上冒现象。

i. 底板结构施工及养护

在素混凝土垫层完成后，就可在其上绑扎底板钢筋。钢筋在绑扎时，应保证刃脚钢筋与底板钢筋连接、上下两层钢筋的间距，并将刃脚混凝土的表面凿毛，露出石子，便于刃脚混凝土与底板混凝土结合。底板混凝土浇捣完成后应及时养护，确保其表面不会露白，并应防止阳光及温差剧烈变化，以免底板出现收缩裂缝，影响沉井的施工质量和使用功能。

4.4.5　BIM技术应用

1）优化管廊路由

由于施工现场位于老旧小区，在临建和管廊主体结构的建设上考虑对周边环境的影响。利用BIM软件进行建模与施工模拟，发现前期设计中，在管廊中部设置投料井会给周边带来噪声和扬尘，且对日照影响较大，会破坏小区舒适宜居的环境，并且小区内老人与小孩较多，极易对其生活产生不利影响，引发不必要的矛盾，甚至影响施工的顺利进行。

如表4-5所示，综合考虑经济、工期、环境、人文等因素，决定利用东西两侧管廊进行增容设计，优化取消中间管廊133m（图4-39），施工竖井由原先的6座优化为4座。

优化前与优化后对比表 表4-5

考虑因素	优化前	优化后
经济	不节约，甚至需投入更多人机料	节约造价约8%
工期	若居民投诉或有其他问题，可能会导致工期拖延	节约工期约12天
环境	产生的噪声与扬尘较大，影响部分居民的采光	会产生噪声与扬尘，但影响较小，居民采光尽量保持原有状态
人文	因竖井设置较多，路由较长，可能会打扰居民的正常生活	对生活的影响较小

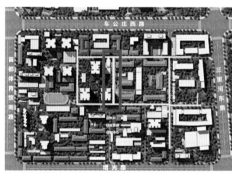

图4-39 优化前（左）与优化后（右）

2）设计图纸优化

针对本工程工期紧、洞内作业面狭小的特点，在设计过程中，按照设计所提供的图纸，利用BIM软件进行三维建模，在施工前模拟管廊内管线排布与关键节点，并进行碰撞检测，辅助设计优化管线走向19处（图4-40），减少后期施工方返工和整改，节约工期约5天，节省工程造价约1%。

根据BIM碰撞结果及管线优化，重新对设计图纸进行调整。

3）日照环境分析

由于小区内楼房距离较近，若投料井与宿舍区临建位置选择不合理，会影

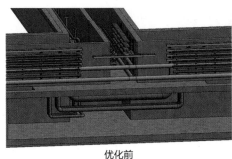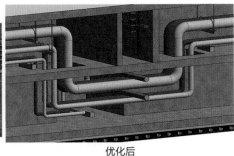

优化前   优化后

图4-40   管线排布优化

响周边居民的正常采光。本项目采用BIM技术建立三维模型，进行日照动态模拟（图4-41），设置投料井和住宿区临建的位置多个选择，对方案的合理性、经济性、可行性进行比选，发现竖井和宿舍区临建设置在小区乙一楼东侧，优化后，上午10:00，临建只影响周边一个出版社的采光，对居民住宅楼并无直接影响。

在确定投料井和住宿区临建的选址后，在协调部的组织下利用BIM三维动态模拟，对周边居民进行直观的介绍，更加形象地解释了施工投料井搭建的临建不会影响其正常采光，打消了周边居民的疑虑，大大缩短了与居民的沟通协调时间，使临建的建造提前开始并顺利完工，临建工程节约工期约8天。

4）智慧建造协同管理

（1）技术背景

为了解决"单一平台管理单一"的问题，避免出现操作人员各专业信息不贯通、互相无配合、不能有效联动的情况，本项目选择了一个施工管理平台，且PC、Web与手机三端数据一致，涉及质量、安全、进度、资料等的问题都可以在这个平台解决。并且，由于施工场地具有特殊性，人流车流来往较多且环境复杂，一旦管控疏忽发生问题事故，对项目的顺利开展将产生不利影响。因此，需要加强对人员、材料、机械的管理，保证工程质量安全，控制施工成本，保障项目顺利完工。

（2）智慧管理应用

应用集成化系统并建立基于IFC的4D信息模型，将建筑物及其施工现场3D模型与施工进度相链接，与施工资源、成本、质量、安全及场地信息集成于一体。实现了基于BIM的施工进度、资源与成本、安全与质量、场地与设施的4D

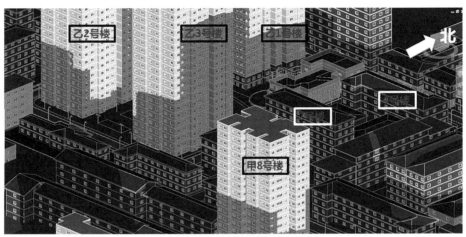

冬至当天上午8：00临建处于阴影中

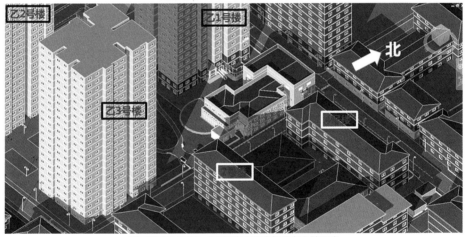

冬至当天上午10：00临建只影响部分办公楼采光

图4-41　日照分析

集成管理、实时控制和动态模拟。综合运用BIM、云计算等信息技术监控管廊实时运行情况，深度协同管廊及管线的精细管理、智能分析、辅助决策和应急处置，实现综合管廊全生命周期管理监管的自动化、智能化和智慧化。

（3）智慧管理内容

①人员管理

录入或批量导入项目所有施工人员的姓名、头像、身份证号码、工种、安全教育记录、技术交底、资格证书等信息（图4-42）。可以按照参建单位、施工班组等维度对人员进行管理，为其他功能模块提供基础数据。通过移动端扫描人员二维码，可查看人员基本信息与技术交底、安全教育记录并使BIM+智能人员

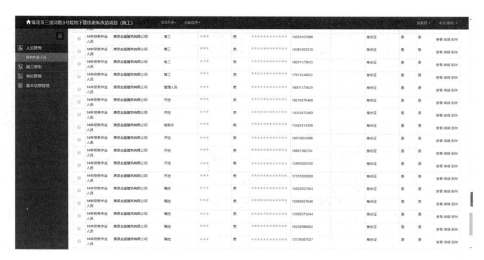

图4-42　人员管理

管理和劳务管理系统连接，在BIM系统中实现人员精确定位的同时区分工种，进行区域管理、时段管理等管理工作；工作人员处于安全隐患位置时，身份识别牌与BIM系统中相关定位会同时报警，管理人员可精准定位隐患位置，并采取有效措施避免安全事故发生。

②机械管理

录入项目所需机械的规格编号、生产厂家、设备来源、检验单位等基础信息，上传机械的说明书、机械合格证等附件（图4-43）。可通过移动端扫描二维码查看机械资料，对机械的进出场时间、检查记录进行管理。

图4-43　机械管理

③材料管理

录入项目所需材料的名称规格等基础信息，可以对材料的出库、入库进行管理（图4-44）。通过收发料和盘点，系统可以记录和统计所有材料的库存、盈亏，并支持10个级别的库存预警，若材料存储低于设定量，则系统直接向负责人发送预警短信。

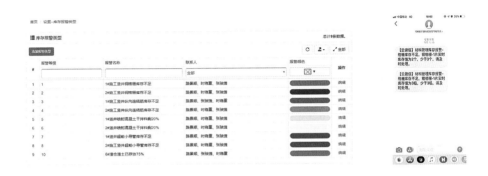

图4-44   材料管理

④环境管理

3D施工场地布置，包括施工红线、围墙、道路、临时房屋、材料堆放、加工场地、施工设备等。将3D施工场地设施与进度和相关信息相关联，建立4D场地信息模型（图4-45）。进行场地设施碰撞检测分析，设施与建筑、设施之间

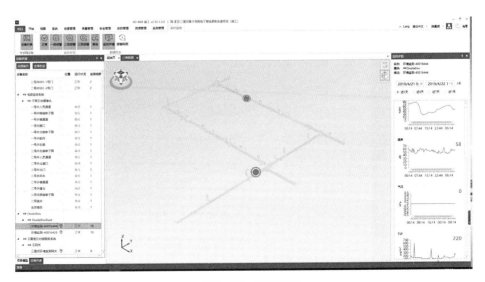

图4-45   环境管理

的动态碰撞分析，施工设施信息查询与统计分析。

⑤质量、安全管理

现场发现质量安全问题，可直接在微信端上传图片，填写问题描述和整改要求，发送给整改人。整改人实时在微信端收到整改通知，整改完成，回复整改情况以及整改后的照片。发起人收到整改完成通知，并对整改情况进行验收，验收通过形成闭环。PC端同步质量安全问题的所有数据，并以列表的方式展现出来（图4-46、图4-47）。单击某个问题右侧即可看到此问题的所有数据和经办流程。每个问题都可以以图钉的方式挂接到对应的模型上，所有问题以及对应的部

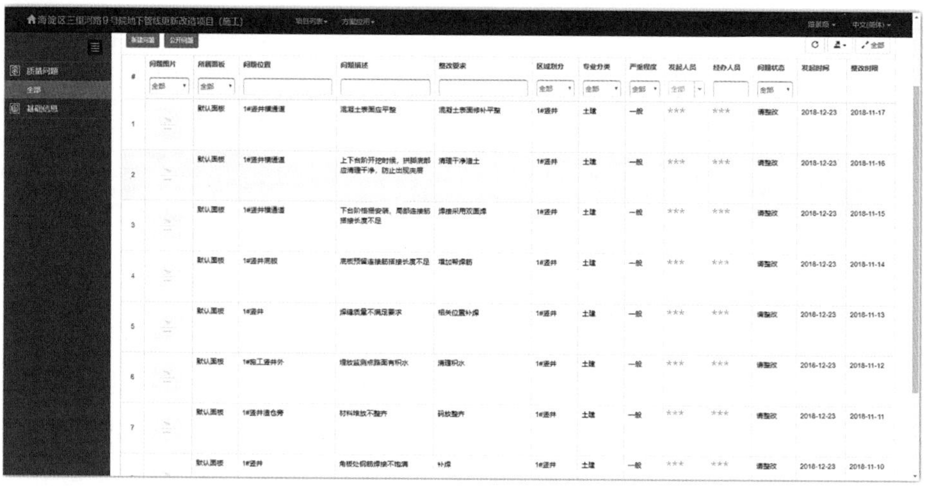

图4-46　质量管理

图4-47　安全管理

位一目了然。

⑥进度管理

进行4D模型创建和施工过程模拟，控制施工进度，计算并修改进度计划，实时采集施工进度并进行分析和预警，按指定时间段对整个工程、WBS节点或施工段进行进度计划执行情况的跟踪分析、实际进度与计划进度的对比分析，根据分析结果进行任务分派，分派出去后，被分派的人手机上就可以收到这条工作信息，可以对这条工作的完成情况进行填报；任务派发、填报以及回传很方便；在任务填报的过程中可以用语音输入文字，也可以叠加相应的图片，当完成的时候可以输出打印报表，完成执行填报以及统计分析。

⑦监控系统

集成视频监控与BIM模型，通过图像的方式，为视频监控管理提供可视化支持，极大地提高了视频监控的成效（图4-48）。

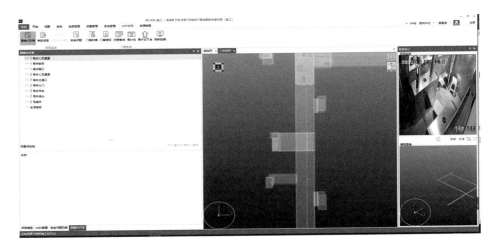

图4-48　监控视频

4.4.6　运维管理及预期效果

1）运维管理模式与需求

智慧管廊以新一代信息化技术为手段，实时可视化显示运行信息，实现系统设备精细化管理，大幅减少常驻运营管理人员数量，提高管理效率，降低设备故障率，降低运营成本。智慧管廊覆盖综合管廊项目全生命周期，是把管理与运维技术经验相融合，让整个管理平台实现智慧化运维管理，运用BIM＋、互联网、物联网、虚拟现实（VR）、虚拟建造及3D打印等先进技术，建立综合管廊的可持续运维发展的创新模式。

运维管理项目应包括沉降收敛监测、气体感应、烟雾感应、液位感应、压力（热力）感应、温湿度感应、智能照明、视频监控、智能井盖等。

2）运维平台介绍

该平台将是一个住区智能管控平台。为实现打造智慧住区的目标，在建造运营全生命周期，以4D-BIM、物联网、云技术、大数据为核心，通过项目协同管理、多源信息关联集成、无线传输等手段，开展多参与方、跨平台的应用，建设一个统一的住区运维管理平台，实现住区的智能监测、智能运维等方面的集成、动态和可视化管理，为住区运维的信息化和智能化服务。

五大施工过程信息及八大管理模块贯穿设计—施工—运维，在最后运维阶段，将竣工交付BIM模型加载运维所需要的设备信息、维保信息等，转换为运维BIM模型，在施工管理平台的基础上加入小区安防、消防等模块，使其变身为运维管理平台（图4-49），不仅方便模型挂接，而且使用同一系列平台可节约30%的软件开发费用，同时，平台的使用也将减少人员成本的投入，大大地削减了运维成本。

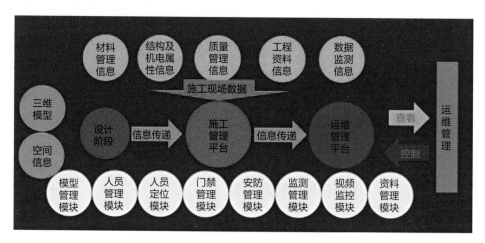

图4-49　运维管理平台模块

为了更直观地观看运维数据，将BIM模型与BIM信息导入运维管理平台，在主浏览界面中可直接查看设备运行数据、耗电统计信息、水量信息、门禁系统信息、道路拥堵信息、环境监测信息和故障信息等（图4-50）。

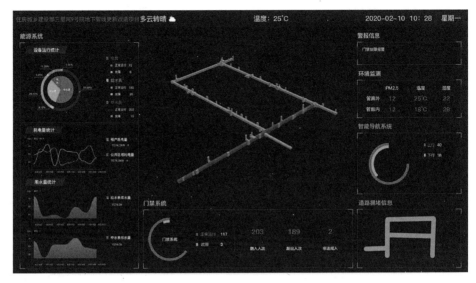

图4-50　运维管理平台界面

基于BIM模型的视频监控系统，可以与模型联动，进行视频定位，可实时显示各监控设备运行状态、汽车出入记录等信息。如发生非法闯入等行为，会弹出报警监控画面，并进行录制。同时对管廊原有的监测设备进行检查更新，补充管廊外监测设备，实时了解管廊内与社区所处的温度、$PM_{2.5}$、PM_{10}、湿度、噪声、气压、总悬浮颗粒物（简称TSP）以及室外风向、风力、风速等。

其中，运维管理平台还设置了应急管理，包括应急预案、法律法规、应急演练、应急事件、应急资源及应急调度等管理内容。预案和法律法规支持上传及在线和下载阅览。有针对紧急事件的记录与统计分析，在紧急事件发生时，可调取值班人员信息联系方式等，并且可以重点标注危险源和应急避难场所，为第一时间响应突发事件提供支持。

3）运维预期效果

管廊运维平台的应用，既能够保障老旧小区内地下综合管廊正常运行，同时可以实时监护小区内的"一举一动"（图4-51），使老旧小区重新焕发生机，保障小区居民的生命财产安全。

图4-51   运维管理平台视频模块

4.4.7   "智慧线+机器人"系统

1）系统概述

综合管廊"智慧线+机器人"智能运维系统以管理平台为核心，以"智慧线"和"机器人"系统为功能依托，通过自主研发的双频网卡，"机器人"可通过"智慧线"完成通信和定位任务，解决在管廊内应用机器人造成的系统重复建设问题，实现子系统的深度融合，大幅降低机器人在管廊内的应用成本的同时，填补了管廊建设管线安装过程中安全管控手段的空白，提升了管廊运维全生命周期的智慧化程度，全面实现管廊建设、管理过程的提质、节约、增效。

本系统充分发挥"智慧线"系统的集成和优化能力，深度融合机器人系统。本系统以平台为功能载体，综合运用物联网、人工智能、大数据、云计算等信息技术，充分发挥子系统融合优势，全面提高管廊运维管理水平和运维安全性，降低人员工作强度，减少人员数量和运维成本。

综合管廊"智慧线+机器人"智能运维系统平台采集了大量的设备运行、运维数据以及运行参数等，这些数据来源多样，没有标准化，而且有些数据没有价值，有些因为故障等原因存在错误，导致无法被人工智能引擎学习或影响学习的效果。因此在向人工智能引擎推送数据之前，通过智能数据分析技术（主要包括统计分析、模式识别、数据抽象、数据仓库、数据清洗等）对源数据进行清洗、变换、标准化、分类、优化分析等处理，这些处理后的数据极大地保证了人工智能的学习质量。

管廊巡检工作与机器人"高精度、高重复、高危险"替代人类作业的场景非常吻合，利用"智慧线"融合通信系统提供的定位、通信能力，集智能检测和在线监测设备于一体，对管廊内的设备信息、环境信息、安防信息等进行全方位实时监控，可实现对综合管廊内各类设备、重要线路、节点的自主巡视检测、运行数据实时监测、故障报警和应急处理等。可实现可见光与红外视频图像采集，在机器人巡检过程中，通过实时的视频图像，系统可以判断管廊本体及管线是否存在明显问题，如廊体裂纹、渗漏水、地面积水、支架脱落、缆线脱架、廊内异物等；也可以命令机器人到指定位置，拍摄管廊内各种设备的高清图像或生成红外热成像，系统通过人工智能技术根据图像判断出管廊廊体及管廊内各种管线、设备是否安全正常，仪表数据是否正确，电缆温度是否超高等。分析管廊常规状况的同时，开展入廊人员的状态识别研究，包括实时进行人脸识别、不安全行为识别、非正常状态判断等，提升人工智能分析水平，填补行业空白。

2）技术阐述

（1）"智慧线"技术阐述

系统核心产品为智慧线和综合控制器，综合控制器安装于城市综合管廊的配控站，连接"智慧线"和5G定向天线，实现2个防火分区的物联网信号和Wi-Fi信号覆盖；对于设备间、通风口、下料仓等特殊位置，部署扩展基站，实现无线信号覆盖和安全防护。综合控制器通过光纤或工业以太环网将数据传输至地面的综合管廊监控中心。

工作人员在管廊内携带授权终端（手机、定位卡），可实现全空间入侵探测追踪、语音通话、视频通话、人员定位（精度2~5m）、在线电子巡查等。

基于"智慧线"的城市综合管廊安防通信一体化系统，可同时提供两个无线通信网。

基于"智慧线"的物联网：工作频段2.4G，带宽4M；采用物联网通信技术，支持海量终端数据接入。基于高保密级的宽带网：工作频率5G，最大带宽866M；采用核安保级别的安全接入技术，确保信息安全。

结合《城市综合管廊监控与报警系统工程技术规范》的要求，利用基于"智慧线"的物联网功能，可以实现：

人员精确定位：定位精度2m，可实时追踪、查看历史轨迹并进行区域管理。

入侵探测定位：可在"管廊全空间"范围内，对入侵人员进行定位及跟踪（精度2~5m），全面保障管廊安全。

无线语音/短信通信：廊内人员/监控中心/公网之间可进行语音通信，可以开电话会议。

物联网数据接入：每千米可接入2000个物联网终端数据。

视频实时传输：可以上传机器人数据，进行移动办公，开视频会议。

在业务上融合应用上述两个无线通信网，已经实现的功能还有：

在线电子巡查：根据《城市综合管廊运营管理技术标准》的要求，归集巡检点、自动安排巡检任务、巡检人员依提示展开巡检工作、实时上传数据、自动形成巡检报告。

视频联动：在精确定位的基础上，可与管廊摄像机联动，自动切换摄像头，视频自动"跟踪"廊内人员。

节能联动：在精确定位的基础上，可与管廊内风机、照明设备联动，做到"有人的地方"自动开关风机、自动照明，节约大量能源。

安全联动：将环境参数与精确定位相结合，若人员行进路线上存在环境安全问题，自动发出报警信号。

（2）巡检机器人技术阐述

地下综合管廊巡检机器人系统是专门针对地下综合管廊设计研发的智能一体化巡检方案。系统通过前端机器人采集数据，结合实时监控平台、数据采集服务器、大数据分析以及相关附件，实现对地下综合管廊环境与设备的实时监控、快速处置，通过对管廊综合数据的管理和分析为后期运维提供决策支持。

由机器人本体搭载各种传感器和设备，采用轮式运行方式。机器人搭载高清摄像机、红外热成像仪，配置有毒有害气体、温湿度等传感器以及定位装置系统（机器人辅助定位由"智慧线"系统实现），实时掌控地下综合管廊环境信息，并通过实时监控平台实现对巡检机器人的控制、数据处理、定位等。

①机器人的通信方式

通过部署的"智慧线"系统为机器人提供无线网络。"智慧线"产品作为整个系统的网络核心，具备人员入侵报警、定位、语音通信、无线网络等多项功能，在替代传统子系统的同时，搭载了整个底层无线网络。通过自主研发的双频网卡（表4-6），可以将各类机器人集成到系统当中，使机器人采集的各项数据均可以通过"智慧线"网络传输。另外，"智慧线"的定位功能可以为机器人提供定位，这使机器人无需搭建专属网络和安装定位装置，进而降低成本。

硬件要求　　　　　　　　　　　　　　　表4-6

标号	对外接口	接口描述	接口形式	端口号	备注
1	5G&2.4G Wi-Fi	5G&2.4G Wi-Fi射频接口，IOT物联网2.4G合路	SMA	J10	接天线/跳线
2	5G&2.4G Wi-Fi	5G&2.4G Wi-Fi射频接口	SMA	J11	接天线/跳线
3	5G Wi-Fi	5G Wi-Fi射频接口	SMA	J17	接天线/跳线
4	5G Wi-Fi	5G Wi-Fi射频接口	SMA	J15	接天线/跳线
5	Sub-G	物联网射频接口	SMA	J18	接天线/跳线
6	网口	10/100/1000MHz自适应网口	RJ45	J8	—
7	电源口	24V电源输入口	DC-005	J13	—
8	按键	复位和清配置按键	RST	U74	—
9	调试口	USB调试接口	排针	J19	需研发人员确认才可接入

②机器人的定位方式

挂轨巡检机器人沿轨道运行（图4-52），通过后台运行路径，结合内部的里程计进行定位。并通过"智慧线"系统提供辅助定位，对里程数据进行纠偏，

图4-52　智能挂轨

两者结合实现精确定点停站。

③机器人的充电方式

智能挂轨巡检机器人采用自带磷酸铁锂电池与分布式接触充电系统结合的供电方式，电量不足时可以就近充电。分布式接触充电站采用就近配电箱交流220V作为电源输入，浪涌防护能力为2000V，在现场能够可靠运行。机器人确认定位并接入充电站前，充电站处于不通状态，避免带负荷送电，出现火星，造成危害。完全对接后，机器人传输信号，充电站接通，开始充电。机器人搭载电池容量满足满负荷（充电一次）行走里程大于3km。机器人同时保留手动充电功能，在出现紧急情况时，可利用手动充电器对机器人进行紧急充电，满足临时性任务需求。

附录

附录 1　老旧小区改造相关资料

城镇老旧小区改造是重大民生工程和发展工程，对满足人民群众美好生活需要、推动惠民生扩内需、推进城市更新和开发建设方式转型、促进经济高质量发展有十分重要的意义。故近年中央及北京市政府陆续出台了一系列关于老旧小区改造相关的政策文件，着力推进老旧小区改造项目。

1）《关于做好2019年老旧小区改造工作的通知》
（建办城函〔2019〕243号）

2017年12月住房和城乡建设部部署开展老旧小区改造试点以来，15个试点城市充分运用"美好环境与幸福生活共同缔造"理念，将开展老旧小区改造与加强基层党建、创新社会治理等结合起来，有效改善了老旧小区居民居住条件，促进了基层党建工作创新，密切了党群干群关系，增强了群众获得感、幸福感和安全感。为落实2019年《政府工作报告》有关部署，大力进行老旧小区改造提升，进一步改善群众居住条件，决定自2019年起将老旧小区改造纳入城镇保障性安居工程，给予中央补助资金支持。

明确老旧小区改造内容。小区内道路、供排水、供电、供气、供热、绿化、照明、围墙等基础设施的更新改造；小区内配套养老抚幼、无障碍设施、便民市场等服务设施的建设、改造；小区内房屋公共区域修缮、建筑节能改造，有条件的居住建筑加装电梯等；与小区直接相关的城市、县城（城关镇）道路和公共交通、通信、供电、供排水、供气、供热、停车库（场）、污水与垃圾处理等基础设施的改造提升。

2019年7月1日，在国务院政策例行吹风会上，住房和城乡建设部副部长黄艳介绍：党中央、国务院高度重视城镇老旧小区改造工作。习近平总书记指出，要加快老旧小区改造；不断完善城市管理和服务，彻底改变粗放型管理方式，让人民群众在城市生活得更方便、更舒心、更美好。李克强总理在2019年《政府工作报告》中对城镇老旧小区改造工作作出部署，又在当年的6月19日主持召开国务院常务会议，部署推进城镇老旧小区改造工作，顺应群众期盼改善居住条件。

住房和城乡建设部会同有关部门认真贯彻落实党中央、国务院决策部署，扎实推进城镇老旧小区改造工作。2017年底，住房和城乡建设部在厦门、广州等15个城市启动了城镇老旧小区改造试点，截至2018年12月，试点城市共改造老旧小区106个，惠及5.9万户居民，形成了一批可复制可推广的经验。试点城市的实践证明，城镇老旧小区改造花钱不多，惠及面广，不仅帮助居民改善了基本居住条件，切实增强了人民群众的幸福感、获得感、安全感，也是扩大投资激发内需的重要举措。

城镇老旧小区指的是建造时间比较长、市政配套设施老化、公共服务缺项等问题比较突出的居住小区。通过调研，从过去一年多的试点情况来看，这些小区可能已经建成了20年以上，由于原来设计标准比较低，再加上维护、养护不到位，所以有几个特别突出的问题，其中之一就是管网破旧，上下水、电网、煤气、光纤等设施要么缺失，要么老化非常严重，所以老百姓反应非常强烈。

2）《国务院办公厅关于全面推进城镇老旧小区改造工作的指导意见》（国办发〔2020〕23号）

按照党中央、国务院决策部署，坚持以人民为中心的发展思想，坚持新发展理念，按照高质量发展要求，大力改造提升城镇老旧小区，改善居民居住条件，推动构建"纵向到底、横向到边、共建共治共享"的社区治理体系，让人民群众生活更方便、更舒心、更美好。

从人民群众最关心最直接最现实的利益问题出发，征求居民意见并合理确定改造内容，重点改造完善小区配套和市政基础设施，提升社区养老、托育、医疗等公共服务水平，推动建设安全健康、设施完善、管理有序的完整居住社区。

科学确定改造目标，既尽力而为又量力而行，不搞"一刀切"、不层层下指标；合理制定改造方案，体现小区特点，杜绝政绩工程、形象工程。

2020年新开工改造城镇老旧小区3.9万个，涉及居民近700万户；到2022年，基本形成城镇老旧小区改造制度框架、政策体系和工作机制；到"十四五"期末，结合各地实际，力争基本完成2000年底前建成的需改造城镇老旧小区改造任务。

城镇老旧小区改造内容可分为基础类、完善类、提升类3类。

其中基础类为满足居民安全需要和基本生活需求的内容，主要是市政配套基础设施改造提升以及小区内建筑物屋面、外墙、楼梯等公共部位维修等。其中，改造提升市政配套基础设施包括改造提升小区内部及与小区联系的供水、排水、供电、弱电、道路、供气、供热、消防、安防、生活垃圾分类、移动通信等基础设施，以及光纤入户、架空线规整（入地）等。

3）《住房和城乡建设部办公厅关于印发城镇老旧小区改造可复制政策机制清单（第一批）的通知》
（建办城函〔2020〕649号）

近年来，各地按照党中央、国务院有关决策部署，大力推进城镇老旧小区改造工作，取得显著成效，尤其是《国务院办公厅关于全面推进城镇老旧小区改造工作的指导意见》（国办发〔2020〕23号）印发以来，各地积极贯彻落实文件精神，围绕城镇老旧小区改造工作统筹协调、改造项目生成、改造资金政府与居民合理共担、社会力量以市场化方式参与、金融机构以可持续方式支持、动员群众共建、改造项目推进、存量资源整合利用、小区长效管理等"九个机制"深化探索，形成了一批可复制可推广的政策机制。

（1）小区范围内公共部分的改造费用由政府、管线单位、原产权单位、居民等共同出资；建筑物本体的改造费用以居民出资为主，财政分类以奖代补10%或20%；养老、托育、助餐等社区服务设施改造，鼓励社会资本参与，财政对符合条件的项目按工程建设费用的20%实施以奖代补。

（2）结合改造项目具体特点和内容，合理确定资金分担机制。基础类改造项目，水电气管网改造费用中户表前主管网改造费用及更换或铺设管道费用、弱电管线治理费用由专业经营单位承担，其余内容由政府和居民合理共担。完善类改造项目，属地政府给予适当支持，相关部门配套资金用于相应配套设施建设，无配套资金的可多渠道筹集。提升类改造项目，重点在资源统筹使用等方面给予政策支持。

（3）将水、气、强电、弱电等项目统一规划设计、统一公示公告、统一施工作业；建设单位负责开挖、土方回填，各专业经营单位自备改造材料，自行安装铺设。

4）《住房和城乡建设部办公厅关于印发城镇老旧小区改造可复制政策机制清单（第三批）的通知》
（建办城函〔2021〕203号）

（1）将城镇老旧小区改造纳入民生实事项目，市级建立评价考核机制，完善日常巡查和月通报制度，对政策措施落实不到位、行政审批推诿扯皮、项目建设进度缓慢、质量安全问题突出的区、县进行通报、约谈，确保目标任务、政策措施、工作责任落实落细。

（2）建立城镇老旧小区改造评价绩效与奖补资金挂钩机制。市级委托第三方机构开展全周期绩效评价，评价结果作为下一年度计划申报、财政政策及资金安排的依据，对工作积极主动、成效显著的给予政策、资金倾斜；对组织不力、工作落后的，予以通报、约谈。

（3）加强专项补助资金统筹。市、县人民政府可通过一般公共预算收入、土地出让收益、住房公积金增值收益、地方政府专项债券、新增一般债券额度、城市基础设施配套费、彩票公益金等渠道统筹安排资金支持城镇老旧小区改造。当年土地出让收益中提取10%的保障性安居工程资金可统筹用于城镇老旧小区改造。住房公积金中心上缴的廉租住房建设补充资金中，可安排一定资金用于支持本地城镇老旧小区改造，具体实施方案由财政部门制定并组织实施。对城镇老旧小区改造中符合社区综合服务设施建设、体育设施、公共教育服务设施等专项资金使用对象条件的配套项目，相关部门优先安排专项补助资金。

（4）对城镇老旧小区改造免收城市基础设施配套费等各种行政事业性收费和政府性基金。

（5）社会资本参与城镇老旧小区改造的，政府对符合条件的项目给予不超过5年、最高不超过2%的贷款贴息。

5）《北京市人民政府办公厅关于印发〈老旧小区综合整治工作方案（2018—2020年）〉的通知》

（京政办发［2018］6号）

为深入推进老旧小区综合整治工作，不断提升城市治理水平，改善人居环境，加快建设国际一流的和谐宜居之都，特制定如下工作方案。

全面贯彻落实党的十九大精神，以习近平新时代中国特色社会主义思想为指导，深入落实习近平总书记对北京的重要讲话精神，坚持以人民为中心，以《北京城市总体规划（2016年—2035年）》为遵循，按照自下而上、以需定项、理顺机制、强化服务、标本兼治、完善治理的原则，健全完善老旧小区各类配套设施，补齐短板，优化功能，提升环境，解决好群众最关心、最直接、最现实的问题，实现法治、精治、共治，努力把老旧小区打造成居住舒适、生活便利、整洁有序、环境优美、邻里和谐、守望相助的美丽家园，不断增强居民的获得感、幸福感和安全感。

老旧小区综合整治主要实施"六治七补三规范"，即：治危房、治违法建设、治开墙打洞、治群租、治地下空间违规使用、治乱搭架空线，补抗震节能、补市政基础设施、补居民上下楼设施、补停车设施、补社区综合服务设施、补小区治理体系、补小区信息化应用能力，规范小区自治管理、规范物业管理、规范地下空间利用。

市住房城乡建设委、市城市管理委、市水务局要组织各区政府、各专业公司，进一步规范市政改造工程投资核定方式、标准，合理控制成本；推动各专业公司做好老旧小区市政管线接收管理和维护工作，提高最后一公里服务保障水平。

市城市管理委会同市有关部门和各区政府，结合环卫体制机制改革，吸引社会力量参与老旧小区垃圾清洁站新建、改造和运营工作，通过有效市场竞争，提高垃圾处理效率；统筹协调老旧小区公共区域架空线入地和燃气、热力、上下水管网及设施设备改造工作，推进项目顺利实施。

附录 2 地下综合管廊相关政策文件

1）《国务院关于加强城市基础设施建设的意见》
（国发〔2013〕36号）

加强城市供水、污水、雨水、燃气、供热、通信等各类地下管网的建设、改造和检查。开展城市地下综合管廊试点，用3年左右时间，在全国36个大中城市全面启动地下综合管廊试点工程；中小城市因地制宜建设一批综合管廊项目。新建道路、城市新区和各类园区地下管网应按照综合管廊模式进行开发建设。

2）《国务院办公厅关于加强城市地下管线建设管理的指导意见》
（国办发〔2014〕27号）

力争用5年时间，完成城市地下老旧管网改造，将管网漏失率控制在国家标准以内，显著降低管网事故率，避免重大事故发生。用10年左右时间，建成较为完善的城市地下管线体系，使地下管线建设管理水平能够适应经济社会发展需要，应急防灾能力大幅提升。

各行业主管部门应指导管线单位，根据城市道路年度建设计划和地下管线综合规划，制定各专业管线年度建设计划，并与城市道路年度建设计划同步实施。要统筹安排各专业管线工程建设，力争一次敷设到位，并适当预留管线位置。要建立施工掘路总量控制制度，严格控制道路挖掘，杜绝"马路拉链"现象。

在36个大中城市开展地下综合管廊试点工程，探索投融资、建设维护、定价收费、运营管理等模式，提高综合管廊建设管理水平。通过试点示范效应，带动具备条件的城市结合新区建设、旧城改造、道路新（改、扩）建，在重要地段和管线密集区建设综合管廊。城市地下综合管廊应统一规划、建设和管理，满足管线单位的使用和运行维护要求，同步配套消防、供电、照明、监控与报警、通风、排水、标识等设施。鼓励管线单位入股组成股份制公司，联合投资建设综合管廊，或在城市人民政府指导下组成地下综合管廊业主委员会，招标选择建设、运营管理单位。建成综合管廊的区域，凡已在管廊中预留管线位置的，不得再另行安排管廊以外的管线位置。要统筹考虑综合管廊建设运行费用、投资回报和管线单位的使用成本，合理确定管廊租售价格标准。有关部门要及时总结试点经验，加强对各地综合管廊建设的指导。

3）《关于开展中央财政支持地下综合管廊试点工作的通知》
（财建〔2014〕839号）

试点城市应在城市重点区域建设地下综合管廊，将供水、热力、电力、通信、广播电视、燃气、排水等管线集中铺设，统一规划、设计、施工和维护，解决"马路拉链"问题，促进城市空间集约化利用。试点城市管廊建设应统筹考虑新区建设和旧城区改造，建设里程应达到规划开发、改造片区道路的一定比例，至少3类管线入廊。

4）2015年7月28日，李克强总理主持召开国务院常务会议，部署推进城市地下综合管廊建设

会议指出，针对长期存在的城市地下基础设施落后的突出问题，要从我国国情出发，借鉴国际先进经验，在城市建造用于集中敷设电力、通信、广电、给排水、热力、燃气等市政管线的地下综合管廊，作为国家重点支持的民生工程。这是创新城市基础设施建设的重要举措，不仅可以逐步消除"马路拉链""空中蜘蛛网"等问题，用好地下空间资源，提高城市综合承载能力，满足民生之需，而且可以带动有效投资、增加公共产品供给，提升新型城镇化发展质量，打造经济发展新动力。会议确定，一是各城市政府要综合考虑城市发展远景，按照先规划、后建设的原则，编制地下综合管廊建设专项规划，在年度建设中优先安排，并预留和控制地下空间。二是在全国开展一批地下综合管廊建设示范，在探索取得经验的基础上，城市新区、各类园区、成片开发区域新建道路要同步建设地下综合管廊，老城区要结合旧城更新、道路改造、河道治理等统筹安排管廊建设。

已建管廊区域，所有管线必须入廊；管廊以外区域不得新建管线。加快现有城市电网、通信网络等架空线入地工程。三是完善管廊建设和抗震防灾等标准，落实工程规划、建设、运营各方质量安全主体责任，建立终身责任和永久性标牌制度，确保工程质量和安全运行，接受社会监督。四是创新投融资机制，在加大财政投入的同时，通过特许经营、投资补贴、贷款贴息等方式，鼓励社会资本参与管廊建设和运营管理。入廊管线单位应交纳适当的入廊费和日常维护费，确保项目合理稳定回报。发挥开发性金融作用，将管廊建设列入专项金融债支持范围，支持管廊建设运营企业通过发行债券、票据等融资。通过城市集约高效安全发展提升民生福祉。

5）《国务院办公厅关于推进城市地下综合管廊建设的指导意见》 （国办发［2015］61号）

从2015年起，城市新区、各类园区、成片开发区域的新建道路要根据功能需求，同步建设地下综合管廊；老城区要结合旧城更新、道路改造、河道治理、地下空间开发等，因地制宜、统筹安排地下综合管廊建设。在交通流量较大、地下管线密集的城市道路、轨道交通、地下综合体等地段，城市高强度开发区、重要公共空间、主要道路交叉口、道路与铁路或河流的交叉处，以及道路宽度难以单独敷设多种管线的路段，要优先建设地下综合管廊。加快既有地面城市电网、通信网络等架空线入地工程。

城市规划区范围内的各类管线原则上应敷设于地下空间。已建设地下综合管廊的区域，该区域内的所有管线必须入廊。在地下综合管廊以外的位置新建管线的，规划部门不予许可审批，建设部门不予施工许可审批，市政道路部门不予掘路许可审批。既有管线应根据实际情况逐步有序迁移至地下综合管廊。各行业主管部门和有关企业要积极配合城市人民政府做好各自管线入廊工作。

6)《中共中央　国务院关于进一步加强城市规划建设管理工作的若干意见》

（中发［2016］6号）

认真总结推广试点城市经验，逐步推开城市地下综合管廊建设，统筹各类管线敷设，综合利用地下空间资源，提高城市综合承载能力。城市新区、各类园区、成片开发区域新建道路必须同步建设地下综合管廊，老城区要结合地铁建设、河道治理、道路整治、旧城更新、棚户区改造等，逐步推进地下综合管廊建设。加快制定地下综合管廊建设标准和技术导则。凡建有地下综合管廊的区域，各类管线必须全部入廊，管廊以外区域不得新建管线。管廊实行有偿使用，建立合理的收费机制。鼓励社会资本投资和运营地下综合管廊。各城市要综合考虑城市发展远景，按照先规划、后建设的原则，编制地下综合管廊建设专项规划，在年度建设计划中优先安排，并预留和控制地下空间。完善管理制度，确保管廊正常运行。

7)《住房和城乡建设部办公厅关于印发〈城市地下综合管廊建设规划技术导则〉的通知》（建办城函［2019］363号）

综合管廊建设规划应统筹兼顾城市新区和老城区，应与新区规划同步编制，老城区应结合棚户区改造、道路改造、河道治理、管线改造、架空线入地、地下空间开发等编制。

论文集锦

1)《内置阻抗式泄漏监测系统与分布式光纤泄漏监测系统在管廊内供热管道中的应用》

2)《老旧小区综合管廊施工方法选择与分析》

3)《浅埋暗挖法综合管廊交叉节点结构设计》

4)《北京市三里河路9号院小区地下综合管廊通风系统设计》

5)《北京市三里河路9号院小区东区热力一次线（管廊至市政道路现状小室）敷设方案的设计》

6)《智慧管廊环境控制以及管线测漏方法的研究》

7)《综合管廊内热力管道补偿方式选择相关问题的思考》

8)《浅谈暗挖综合管廊技术在老旧小区的建设应用》

9)《基于BIM的老旧小区综合管廊智慧建造管理应用》

10)《老旧小区建设地下综合管廊的必要性分析》

11)《浅谈管廊施工中绿色施工与环境保护措施》